创意中式点心

基础配方、技法、难点分步图解

U0312724

图书在版编目（CIP）数据

创意中式点心：基础配方、技法、难点分步图解/（日）吉冈胜美著；韩洁羽译．—武汉：华中科技大学出版社，2021.9
ISBN 978-7-5680-7317-2

Ⅰ.①创… Ⅱ.①吉… ②韩… Ⅲ.①面食－制作－中国－图解 Ⅳ.①TS972.132-64

中国版本图书馆CIP数据核字（2021）第151076号

ATARASHII CHUUGOKU TENSHIN by Katsumi Yoshioka,supervised by
TSUJI Culinary Institute.

简体中文版由日本柴田书店授权华中科技大学出版社有限责任公司在中华人民共和国境内（但不含香港特别行政区、澳门特别行政区和台湾地区）出版、发行。
湖北省版权局著作权合同登记　图字：17-2021-164号

创意中式点心：基础配方、技法、难点分步图解　　　[日] 吉冈胜美 著
Chuangyi Zhongshi Dianxin: Jichu Peifang Jifa Nandian Fenbu Tujie　　　韩洁羽 译

出版发行：华中科技大学出版社（中国·武汉）　　电话：(027) 81321913
　　　　　北京有书至美文化传媒有限公司　　　　　　(010) 67326910-6023
出 版 人：阮海洪

责任编辑：莽　昱　宋　培
责任监印：赵　月　郑红红　　封面设计：邱　宏

制　　作：北京博逸文化传播有限公司
印　　刷：北京汇瑞嘉合文化发展有限公司
开　　本：787mm×1092mm　　1/16
印　　张：23
字　　数：160千字
版　　次：2021年9月第1版第1次印刷
定　　价：168.00元

创意中式点心

基础配方、技法、难点分步图解

［日］吉冈胜美 ＼ 著　　韩洁羽 ＼ 译

华中科技大学出版社
http://www.hustp.com

有书至美
BOOK & BEAUTY

中国·武汉

给喜爱点心的人

在香港众多有名气的厨师当中，有一位名叫梁敬的厨师。1981年，我有幸进入梁氏的敬宾酒家工作，从那里开始了解点心。敬宾酒家的店面有3层楼高，大约有500个座位，从早到晚宾客满堂，白天都是喝早茶的客人，到了晚上全都是来品尝梁氏手艺的客人。

敬宾酒家的点心部门从凌晨4点便开始忙碌，是整个厨房中最早开始工作的一个部门。在阴凉的空气里，师傅们往炉子里添火，开始制作早餐供应的粥品、肠粉和蒸排骨等25～30种点心和小吃。接着取出老面，在旁边的操作台上开始制作包子面团（包子皮）。点心师傅们先用小麦粉和澄粉做成各种面团（面皮），再运用独特的手法制作出精致的点心。蒸笼中萦绕着白色蒸汽的虾饺晶莹剔透，在油锅中刚刚炸开的牡丹酥花瓣在漂荡。烧卖虽小，但馅料丰满，一口吃掉一个，唇齿留香。偷偷瞧一眼烤箱，便看到已烤得鼓起来的、浑圆且富有光泽的蛋挞。小笼包在嘴里化开了皮，汤汁四溢。

我就这样进入了点心的世界，那种感觉就像无意间窥见了万花筒。这些无法用言语来表达的无数美味，就这样不知不觉地在厨师们的巧手上代代相传下来。来到这里之前，我的心情就很激动，而此刻，我已经平复下来。

在历史的长河中，有许多同中国人生活密切相关的点心和小吃品种，只有符合人们口味的品种才得以流传下来。在嘈杂的厨房一角，点心师傅们充满激情，在粉末中不断探索，创作新品。对他们而言，不断地重复"继承与发扬、持续挑战"是一种传统，努力制作出符合大众要求的点心，在任何时期都不会失去它的价值，会一直深受人们喜爱。

本书广泛地收录了中国各地的前辈们继承下来的传统点心，以及在这些技术的基础上顺应时代潮流而产生的新品，还有受西洋饮食文化影响的雪糕和布甸等甜品。我希望阅读这本书的读者们，在接触到中国的饮食文化和它们的独特技巧后，能够进一步深入学习。

在思考中学习，既可以使固有事物得以延续，又能让人觉得并没有同样的经验一样。重复经验这件事，大概就像是将潜心学来的知识通过自身的体会，形成深入骨髓的理解，再付诸实践。虽然也会有混乱不清的时候，但是暂时保持这种状态继续工作也无妨。理解一件事情，并非用已知生硬地去套未知，而是保持这种矛盾的状态，去感受别人的经验，或许还可以从混乱中获得一点希望。通过阅读本书，一边感受前辈们认真的精神，一边去重复他们的经验，这是学习与理解点心之外的精神食粮。如果本书能对中国烹饪的发展有一点帮助，我将感到非常荣幸。出版之际，在此对本书的编辑猪吴幸子、摄影日置武晴以及负责设计的高桥绿表达谢意。

2015年10月　吉冈胜美

目录

19

第1章　点心面团的使用、包法和加热法

35

第2章　包子——膨发的面团

89

第3章

酥皮面团——混酥面团和层酥面团

第4章 其他面团

【基本面团 小麦粉+水】
140 **水饺面团**

【基本面团 小麦粉+热水】
142 **煎饺面团**

【基本面团 小麦粉+温水】
144 **小笼包面团**

【基本面团 小麦粉+糖浆】
146 **月饼面团**
148 月饼的成形和烤制

【基本面团 淀粉】
150 **虾饺面团**
152 **潮州蒸饺面团**
154 **韭菜包面团**
156 **炸饺面团**

【基本面团 糯米粉】
158 **咸水角面团**

【基本面团 米粉】
160 **糕品**
161 腊味萝卜糕

【基本面团 使用蔬菜】
162 **芋角面团**
164 油炸芋角面团制成的点心

【点心】
春卷皮
165 韭黄鸡丝春卷

小麦粉+水 水饺面团
166 成都水饺
167 羊肉水饺

小麦粉+水调面团
168 香酥牛肉饼
169 北京煎饼
170 枣泥锅贴

云吞皮
171 脆皮云吞

第5章 馅料

第6章 甜品

327

第7章　小吃

◎ 制作点心之前

- 小麦粉等面粉类，若无特别说明，均应提前过筛。
- 使用油烹饪的时候，除了特地标记"不要"，在烹饪之前就要在锅底抹一层油。
- 在配方栏中，食材名称后面出现"已经预处理"或"需要泡发"的话，配方显示的用量则是处理过后的重量。
- 但是，出现"泡发"的话，表示的是泡发之前的重量。
- 糯米粉，若无特别说明，均采用日本产糯米粉。
- 优质米粉，若无特别说明，均采用日本产米粉。
- 干粉，若无特别说明，均使用该面团中的主粉，而以小麦面粉为主粉时需用高筋面粉。
- 面团的发酵，均使用蒸汽烤箱。
- 砂糖，若无特别说明，均使用制作糕点用的细砂糖（粗糖的½大小）。
- 鸡蛋，一个全蛋大约60克。另外，由于很难同黄油和猪油混合在一起，所以要使用常温鸡蛋。
- 虾，使用冰冻的31～40规格［即大约450克（1磅）中有31～40头虾］的冰冻虾。虾的处理方法另见第258页。
- 需要使用绞肉时，应用刀将肉块切成碎肉。
- 竹笋应事先用水煮过。
- 桂花陈酒，若无特别说明，应使用白色的酒酿。
- 黄油，均使用无盐黄油。
- 葱油，若无特别说明，使用的是猪油或猪板油（见第365页）制作的。
- 水溶马铃薯淀粉是水和淀粉以1:1的比例混合制作成的水淀粉，沉淀马铃薯淀粉是水溶淀粉静置几个小时后，倒掉上面的清水后余下的部分。
- 蛋液，指将一个鸡蛋和一个蛋黄混合后，用布过滤。
- 食用色素，指的是天然色素里添加少许水调和而成的混合物。
- 糖浆，指的是砂糖和水以1:1的比例混合熬煮至糖熔化，冷却后所得的液体。
- 出现"葱""葱绿"时，二者可以相互替换。

果仁类的预处理方法

- 在配方栏里，食材名称后出现"煮"或"烤"等标记时，请用以下的方法进行预处理。

  出现"煮"或"烤"的标记时，食材的用量是处理后的重量。

  "需要煮的情况"：放入热水中滚烫立即捞出。带皮的坚果要去皮。

  "需要将煮过的食物再烤的情况"：烤箱以160摄氏度烘烤（或者放入约160摄氏度的热油里，随着油温的上升，慢慢炸出香味）。

  但是，开心果应在低温预热的烤箱中烘烤或者用干锅炒至脱水。

◎ 参考文献

『随園食単』　袁枚著、青木正児訳注　岩波書店　1980年

『料理材料大図鑑　マルシェ』　大阪・あべの辻調理師専門学校編　講談社　1995年

『新版　お菓子「こつ」の科学』　河田昌子著　柴田書店　2013年

『夢梁録3―南宋臨安繁昌記』　呉自牧著、梅原郁訳注　平凡社　2000年

『中国食物事典』　洪光住監修、田中静一編著　柴田書店　1978年

『広東点心中級技術教材』　広州市服務旅游中等専業学校編　1987年

『四民月令　漢代の歳時と農事』　崔寔著、渡部武訳注　平凡社　1987年

『辞海』　辞海編輯委員会編　上海辞書出版社　1999年

『中国食物史』　篠田統著　柴田書店　1974年

『中国食経叢書　上』　篠田統、田中静一編著　書籍文物交流会　1972年

『中式麺食製作技術』　周清源編著　中華穀類食品工業技術研究所　2006年

『中国烹飪辞典』　蕭帆主編　中国商業出版社　1992年

『中国烹飪百科全書』　『中国烹飪百科全書』編輯委員会、中国大百科全書出版社編輯部編　中国大百科全書出版社　1992年

『中国食文化事典』　中山時子監修　角川書店　1988年

『中国名菜譜　東方編』『中国名菜譜　南方編』　中山時子訳　柴田書店　1973年

『中国料理素材事典　野菜・果実』　原田治著　柴田書店　1978年

『東京夢華録』　孟元老著、入矢義高・梅原郁訳注　岩波書店　1983年

『大漢和辞典』　諸橋轍次著　大修館書店　1986年

『中国飲食大辞典』　林正秋主編　浙江大学出版社　1991年

『大百科事典』　平凡社　1985年

＊参考文献中大部分为日语出版物，故在此保留原文，未翻译。

点心的概要

点心，有着吃少量东西的意思，随着唐朝面粉制作技术的提升以及宋朝商业的发达，点心也逐渐发展起来。

◎ 点心、小吃

点心，原本有着"吃少量东西"[*1]的意思，可代指除正餐以外的各种食物。点心的种类繁多，狭义理解是使用小麦粉、米粉和五谷粉制作出来的食物，它们的外形都很小巧，用筷子或手抓就可以将它们一一分开。点心造型精致美观，凝聚了厨师的独特手法。

与点心有着同样意思的"小吃"，其含义大于点心，但二者其实很难严格区分。小吃可以提前做好，较容易制作，平民廉价的品种会多一些。家常菜、米饭、小麦粉做的料理——"面类"和米粉做的料理——"粉类"等都被装在小盘和小碗里。小吃还包括甜品，因此它涵盖的范围更广。另外，在有些地方，"小吃"和"小食"是同义词。

◎ 点心的种类

点心大致分为甜点和咸点。甜点有中国传统的广式、苏式和京式等点心以及西式点心。咸点则泛指除了甜点以外的其他品种，其中较突出的是，味道和形状都充满中国风的包子、饺子和烧卖等。

另外，甜食里有"甜菜"。虽然很难定义其与甜点的区别，但与其说它是甜的菜品，还不如说是甜食更合适些。传统的甜菜大多数是像"三不粘"（见第314页）和"炒核桃泥"（见第319页）这些无法提前准备的现做热菜。甜的汤水——"甜水"（见第286页）绝对是花样最多的甜食。

甜菜不只是一道菜，它还和时代有着密切的关联。传统的甜菜是用大盘子和大碗来装的，很多都需要用到调羹，如今却是分装在小盘中，按照用餐风格和个人喜好来提供。另外，不局限于中国烹饪手法的新甜food和新的享用方式也纷纷出现。雪糕、雪花酪和挞等搭配上传统的甜菜制成了新的甜食，这是从受西洋饮食文化影响很大的城市——香港开始遍布的。

甜菜用小盘和小碗分装，与甜点一起统称为"甜品"，出现在了茶点的菜单上。另外，点心里还分有日常食用和只在传统节假日和特定时间食用的季节性食

品。名称和分类如下。

【常期点心】

日常提供的点心。也叫作"日常点心"。

【星期美点】

星期是周的意思，即本周推荐的特制点心。

【四季点心】

应季所提供的点心。

【节日点心】

和节假日、传统节日有着深远关系，季节性非常强的点心。

【筵席点心】

继筵席的甜菜后上的点心。也叫作"席上点心"。

另外，地方不同，点心的种类和风味也会有所不同。

◎ 点心的普及发展和茶

点心与茶的关系既古老又深远。用于制作点心的小麦据说是在四千年前从两河流域传入中国的。到了唐朝，华北平原开始盛行栽培小麦，将小麦碾磨成面粉的技术使面粉的食用开始变得大众化，面食逐渐成为了日常食品。到了宋朝，唐朝曾在都城长安施行的宵禁和经营夜市的禁令也被取消，汴梁和临安的市民可以在街上自由活动，街市开始热闹起来。热闹的夜市使京城逐渐发展成了商业城市。在娱乐场所"瓦子"中，有常设的剧场，还有曲艺说唱用的曲艺场、茶店和酒楼等餐食店。店里、街头和广场上都能看到戏剧和杂技等表演，可以吃到馒头、包子、云吞、饺子、胡饼（见第17页，"饼"）、面、粽子和团子等很多点心和小吃。

另一方面，唐朝经济的稳定和繁荣，使与道教和佛教关系密切的茶文化也开始得以传播。尤其是在陆羽的贡献下，到了中唐和宋朝，喝茶开始普及[*2]。

随着茶的普及，点心作为"茶点"也开始发展起来。而茶楼和茶馆的多元经营方式也促进了点心的发展。

北方和苏州的大多数茶馆都是直接往盖碗里放入茶叶泡着喝，茶点主要以西瓜籽、南瓜籽、干果等为主，很少有点心种类。主要还是以喝茶为消遣。

而在盛行喝茶的广东和香港的茶楼，大多数的早餐菜单上会有包子、烧卖、粥品和各种"糕品"（见第160页），也会有甜点。午餐和下午茶供应的饭类和面粉类也会一并记在菜单上。点心既可以做便餐吃，也可以当作主餐吃。这时，喝茶的点心淡化了吃点小零食的意思，反而变成了常食。

地方点心

虽然喝茶、食用点心的习惯在中国开始广泛流传起来，但是不同地方吃的东西和消遣的方式会有所不同。就像各地都会有自己的名菜一样，每个地方也会有自己的名点。如右表所记载，各地的传统点心和小吃反映了当地传统节日的仪式（活动）和风俗习惯，具有家乡特色的品种丰富多彩。

北方	在北京，人们更习惯将点心称为"饽饽"。它们会出现在庙会的小摊上，或者被摆放在手推车上，或者被小贩们用扁担挑着贩卖。北京的小吃有着悠久的历史，很多受回族和满族等少数民族的影响。其中有很多手法独特、使用小麦粉制作的小吃，如拉面、银丝卷（见第62页）、龙须面和芝麻味的炸点"馓子"等。 北京的宫廷点心很有名气，如"小窝头"（见第236页）、菜豆卷点心"芸豆卷"等。
东部	在有着"鱼米之乡"美称的江苏、浙江一带，饮食文化的发展得益于天然丰富的农作物和水产品。在扬州、苏州和杭州这些自古便开始繁荣的城市，孕育出了品茶和赏茶的文化，茶点也随之发展起来。其中模仿动植物的象形点心——苏州"船点"是明朝时期画舫（装饰非常漂亮的游船）中提供的点心。
西部	四川、云南、贵州的点心和小吃。尤其在四川，人们更习惯将点心称为小吃，特色小吃很多，种类也很丰富。成都和重庆的"棒棒鸡"、煮牛内脏和凉菜"夫妻肺片"等作为筵席的前菜，深受人们喜爱。
南方	广东省广州市的茶楼业发达，盛行喝茶。 20世纪中后期，广东和香港的点心飞快地发展起来。广东点心的种类繁多，除了中国传统的点心，还有受西方文化影响而发展起来的点心。随着香港地区经济的发展，不仅茶楼，几乎所有的酒家和酒店都采用了"提供三茶两餐"的经营方式。点心厨师们都在竞相开发出品种更加丰富且需要一定制作技巧的点心，使广东和香港地区的点心随着"喝茶"的名气传至世界各地。在消费者多样化的需求中，虽然旧式的茶楼和茶馆已经逐渐消失，但与中国茶一起享用点心的饮食习惯却一直流传至今。 在广东，人们更习惯将小吃称作点心。其他地方把"南乳花生猪手"（见第352页）这些小吃也归类到咸点里。

※1清朝乾隆年间，袁枚的著书《随园食单》的点心单里有写道："梁昭明以点心为小食，郑傪嫂劝叔'且点心'，由来旧矣。"

※2根据《茶经》的六之饮，喝茶是从唐朝开始盛行，在京城长安（如今的陕西省西安市）和洛阳（如今的河南省洛阳市），还有荆州（如今的湖北省荆州市）和渝州（如今的重庆市附近）的家家户户都能喝上茶后，喝茶已深入人们的生活。

面团的分类

点心面团的主要原料是小麦粉和米粉，而面团大致区分为麦粉面团和米粉面团，除此之外，还有杂粮面团。其中属麦粉面团的种类最丰富。

◎ 麦粉面团（小麦粉的面团种类）

实际上，应用范围最广的是小麦粉的面团。分有水调面团、膨松面团和酥皮面团。

*【▶～】是本书中最基本的面团例子。

水调面团（水面团）

由小麦面粉和水混合而成。水温不同，麸质的形成和淀粉糊化的程度也会有所不同，因此可以通过不同的水温混合成四种各具特色的面团。

1.冷水面皮（冷水和面）

也称作"凉水面"。水温约为30摄氏度，小麦粉的蛋白质和水结合形成具有网状组织的麸质。面团富有黏弹性，适合用来制作水饺、馄饨和面条等有嚼劲的食物。另外，由于它的拉伸性很好，所以也可以用来制作薄面皮。

▶ "水饺皮"见第140页

2.烫水面皮（热水和凉水一起和面）

也称作"沸水面"。往小麦粉里倒入约为面粉量一半的热水，接着倒入凉水和面，以此来调整面团的硬度。加入热水的时候淀粉会糊化，虽然难以形成麸质网络，但是一部分的蛋白质会和凉水相结合形成麸质。这样和成的面团不容易变形，易于使用。基本上可以制作与热水和面同样的点心。

▶ "状元水饺皮"（状元水饺面团，见第177页），"汤饺皮"（汤饺面团，见第179页）

3.温水面皮（温水和面）

也称作"热水面"。60摄氏度的水温，这是淀粉要开始糊化的温度。具有用凉水和面和沸水和面的中间特质。在这样的水温下和出来的面团富有可塑性，容易成形。面团的手感软滑，由于里面饱含湿度，所以有着适中的黏弹性。适合用来制作蒸煮的食物，口感也很好。

▶ "小笼包皮"（见第144页）

4.全烫水面皮（热水和面）

加入与小麦粉等量的热水来和面，由于淀粉发生糊化而难以形成麸质，因此混合而成的面团很软，口感好。适合用来蒸和烤，比如煎饺和蒸饺等。

另外，广东点心善用澄粉和面，总称为"澄面皮"。加入相当于面粉用量1.5倍的热水，使面粉完全糊化。具有可塑性好、成品不易变形和透明度好等特质。若仅使用澄粉的话，黏性会变弱，所以要加入黏性高的马铃薯淀粉。通过改变用水量、水温和马铃薯淀粉的比例，可以做出各种独具特色的面团。

▶ "煎饺皮"（见第142页）、"虾饺皮"（见第150页）、"潮州蒸粉果皮"（见第152页）、"韭菜饼皮"（见第154页）、"煎粉果皮"（见第156页）、"水晶皮"（水晶面团，见第204页）

膨松面团（膨发面团种类）

特指使用酵母和膨松剂，通过气体和水的蒸发而发酵膨发的面团。共分三种，分别是利用酵母自然膨发的面团、使用膨松剂发生化学反应而膨发的面团和利用空气膨胀等物理反应而膨发的面团。

1.发酵膨松面团（自然膨发面团种类）

这是利用酵母生长的过程中所产生的二氧化碳来膨发的面团。酵母包括老面（天然酵母）和酵母菌（面包酵母）两种。

使用老面的面团里，既有需要发酵时间的面团，也有和完面后就可以直接包裹馅料去加热的面团。另外，还有裂纹面团和无裂纹面团等很多适合制作不同点心的面团。

而利用酵母菌的面团，虽然需要充分的发酵时间，但是温度和水量易于把控，制作好的成品有着特有的弹性和味道，且面团没有裂纹。

► "叉烧包皮"（见第38页）、"生煎发面皮"（见第40页）、"小笼包皮"（见第144页）、"生煎包皮"（见第46页）、"餐包皮"（见第48页）

2.化学膨松面团（发生化学反应而膨发的面团种类）

膨松剂是利用面粉遇水和受热后分解产生的二氧化碳和氨气来膨发的。膨松剂有泡打粉、小苏打粉和氨粉（臭粉）等。因为是经过化学反应而膨发，所以不需要发酵时间，是一种简易且极少失败的面团。与发酵面团相比，由于欠缺一定的风味，所以很多时候会加入砂糖、油、鸡蛋和乳制品等辅料。

► "化学包皮"（见第50页）、"奶皮"（见第52页）

3.物理膨松面团（发生物理反应而膨发的面团种类）

利用空气膨胀和水蒸气膨发的面团。

油酥面团（酥皮面团种类）

酥皮面团里含有油脂，分为混酥面团和层酥面团。在加热时，油脂和面团中的水分蒸发，淀粉会发生糊化。当水变成水蒸气的时候，它的体积会膨胀1700倍。利用这个原理糊化的面团，归于物理反应的膨发面团中。不过在中国，由于含有大量的油脂，所以对酥发面团还会有很多其他的定义。尤其是广东和香港受西方的影响较大，酥皮点心的种类很多。

1.混酥面团（揉搓的酥皮面团种类）

也称作"单酥"和"硬酥"。由油脂和小麦粉混合揉搓而成，难以形成麸质，口感酥脆且无法分层。例如，"蛋挞皮"是利用油脂中的水分受热后变成水蒸气来膨发的面皮（见第92页），"甘露酥皮"（见第90页）是利用膨松剂来膨发的面皮。

2.层酥面团（折叠的酥皮面团种类）

面团可以分层，口感酥松。夹在层状面皮里的油脂受热后，水分变成水蒸气使面团膨发，同时淀粉发生糊化，随着油温升高制成口感像油炸过的酥脆面皮。层酥面团一般由两块面团组成。用"水调面团"（见第14页）包上小麦粉和猪油混合揉搓而成的"油酥"，然后再折叠制成面团，总称为"水面酥皮"。另外，还有像【酥皮咸蛋奶黄包】（见第56页）是用发酵面团或化学膨松面团包上油酥，再折叠制成的"发面酥皮"，会有多层酥层。

表面可以清晰见到酥层的叫作"明酥"；而表面看不见，切开时才能见到酥层的叫作"暗酥"。

► "派酥皮"（见第94页）、"岭南酥皮"（见第97页）、"水油酥皮"（见第103页）

◎ 米粉面团（使用米粉做的面团种类）

它是利用淀粉发生糊化、不会形成麸质的面团。淀粉种类不同，糊化的特点也会不同，加入马铃薯淀粉、玉米淀粉和小麦淀粉等淀粉，会增强食物的黏性、弹性和成形性。

► "咸水角皮"（见第158页）、"肠粉皮"（肠粉面糊，见第222页）

◎ 杂粮面团（其他谷物的面团种类）

小麦粉和米粉以外的杂粮粉制成的面团。在利用食材自身的甜度和淀粉发生糊化的原理制成的面团中，带有甜味的芋头、红薯和南瓜的用途尤其广泛。用热水和马蹄粉搅拌成"马蹄粉皮"，在粉皮上加入无糖面皮——"拉皮"、砂糖、黑芝麻和果泥等，就制成了"甜拉皮"。

► "芋角皮"（见第162页）、"番薯面皮"（番薯面团，见第229页）、"豆饼面皮"（豌豆面团，见第229页）、"油果面皮"（红薯面团，见第232页）、"南瓜面皮"（南瓜面团，见第232页）

馅料以及与馅料相关的工作

点心最大的魅力在于种类繁多，可以由多种面团和馅料组合。其中馅料也起着重要的作用。

◎ 馅料的分类

用在点心上的馅料大体分为甜馅和咸馅。咸馅又分为生咸馅和熟咸馅。甜馅除了生鲜水果以外基本都是熟馅。每种点心有十多种基本馅料，在这些馅料里加入材料和调味料，或者混入其他基本馅，便可以做出多种不同的馅料。由于咸点（见第12页"点心的种类"）的种类比甜点多，所以咸馅也比甜馅多一些。

◎ 工作效率

点心部门通过有序的工作，保证点心的品质和多样化。在这方面，广东点心的表现非常出色，尤其是咸点和小吃。

广东点心的馅料，所加的调味料、蔬菜类香料会以克为单位计量，点心师傅们会花很大精力控制调料用量来保证其稳定的口感。另外，制作咸馅的师傅也会负责咸点等小吃的调味工作，两者的共通之处在于由盐和糖的比例来决定它们的味道。比如，烧卖馅（见第243页）和XO酱滑子鸡（见第349页）中盐和糖的比例是1:2.5，而鱼胶馅（见第244页）和姜葱牛百叶（见第342页）中的比例是1:2，等等。

另外，常见的烹饪手法有"馅芡*"和"外加芡"。

馅芡（勾芡调味料）

馅芡也叫作"面捞芡"。使用淀粉勾芡制作调味汁，将其混到其他食材中以补充味道和改变口感。在20世纪40年代，广州虽已经开始使用这种制作手法，但到了80年代，受西方影响，香港改良了制法，又将其传到广州。馅芡基本上是先用油来炒亚实基隆葱后盛出来，再倒入小麦粉继续炒，然后加入水、盐和砂糖等调味料制成。大体上分两类，分别是白色的滑鸡酱（滑鸡馅，见第255页）和红色的叉烧酱（叉烧馅，见第248页）。

外加芡（调味汁）

淋上调味汁，会使食物多出一番风味。外加芡的种类如下表所示。

大部分的点心制作好后，味道是正合适的。

虽然茶桌上会配有辣椒酱和芥末等，但极少被用于搭配点心食用。

主要的调味汁种类

调味汁名称	调味汁特点
豆豉汁芡	在生抽汁里加入豆豉、大蒜等制成的酱汁
白汁芡	在咸调味汁里加入牛奶和鲜奶油，制成味道醇厚的酱汁
蛋茸芡	在透明的咸调味汁里加入打散的蛋液制成的酱汁
蟹肉芡	在透明的咸调味汁里加入蟹肉和蟹黄制成的酱汁，也叫作"珊瑚芡"
酸甜芡	"酸甜酱汁"（见第366页）里加入辣椒和蒜末做成的酱汁，也叫作"京溜芡"
柱侯芡	在柱侯酱（由黄豆、小麦粉和大蒜等制成，味道很香的调味酱）里加入生抽、盐、砂糖和蒜末制成的酱汁
蚝油芡	蚝油味的酱汁
鲜奶芡	在牛奶和鲜奶油里加入砂糖制成的浓酱汁
五柳芡	在"酸甜芡"里混入五柳（酸甜味的生姜末、黄瓜碎和藠头碎等五种蔬菜）制成的酱汁
蛋白芡	在透明的咸调味汁里加入蛋白制成的酱汁
茄汁芡	番茄味的甜酱

＊芡：指的是用淀粉勾芡。

馅料以及与馅料相关的工作

点心的主要名称

饼

饼是小麦粉与水混合成面团，擀成圆饼后，以火烹制而成的食物，可以做成很多品种。"蒸饼"便是如今的包子和馒头。"炉饼"和加了芝麻的"胡饼"是贴在烤炉内壁烘烤而成的食物。油炸的"油饼"是如今的油条和咸煎饼。煮的"汤饼"过去只是煮擀平了的面皮，如今已经发展成裹了馅料的云吞和水饺等面食。

糕

糕原本是除了小麦粉之外的五谷粉与水混合，搅拌均匀后蒸制而成的食物。糕有着"成块状"的意思，蒸成很大块后切开来吃。如今的糕，是在米粉、小麦粉和其他五谷粉里加水混合均匀后，蒸成的块状食物。

包子

包子主要指用膨发的小麦面团裹上馅料，通过蒸制成的食物。

馒头

馒头主要指将膨发的小麦面团揉成半圆形后，通过蒸制而成的食物。基本上属于没有加馅的蒸包类。在北方，以大馒头为主食。宋朝以后，人们开始把没馅的叫作馒头，有馅的叫作包子。到现在，长江下游的一部分地区，还有人把像"生煎包"这样的带馅食物叫作馒头。

饺子

饺子主要指在小麦粉面皮上盛放馅料，包成三角形或月牙形的食物。在北方，一般指的是水饺。早期叫作"扁食""角儿"，从明朝开始才用"饺"字。

粉果

粉果的形状是两头尖、中间浑圆的半月形。现在大多都是用热水将澄粉揉成面团，擀成薄面皮后加馅制成。传统粉果的面团里并没有加淀粉，而是在加水的大米里拌入煮熟的米饭，晒干后磨成粉，再做成面团。20世纪80年代开始，逐渐发展成可以煎或者炸的"煎粉果"。

烧卖

烧卖主要指将小麦粉面团擀成薄皮，加入馅料后包成圆筒状，通过蒸制而成的食物。在南方称做烧卖，日本也是沿用了广东人的这个称法。烧卖裹有馅料，掐口带着褶皱，制成后很像麦穗。

云吞

云吞主要指将小麦粉面团擀成薄皮，裹入馅料，最后放入汤中煮熟的食物。它的馅料比水饺的少。在南方称做云吞，北方称做馄饨，四川称做抄手。

酥

酥主要指小麦面粉和油混合制成的酥脆点心，比如，曲奇和酥皮饼等。

堆

"堆"指的是圆形的东西。在唐朝，裹着馅料的油炸团子——"油堆"，到了宋朝，成了上元节吃的食物，被称为"焦堆"。至今在广州，还保留"煎堆"*这个名称。如今，除了煎堆，很难遇见称做"堆"的食物了。

盒

盒也写作"盒子"，有着带盖的小箱的意思。指的是由两片面皮夹住馅料后，封边制成的食物。

扎

扎是将多种棍条形状的食材切成细条，用豆腐皮和蔬菜将它们捆到一起制成的食物。

曲奇

Cooky的音译。

派

Pie的音译。大多会与果酱搭配使用。

挞

Tart的音译。

班戟

Pancake的音译。

啫喱

Jelly的音译。

粽子

粽子（见第328页）

*指的是用大火炒糯米至爆开后拌入砂糖等食材做成馅，用糯米面皮裹住馅料做成团子，最后油炸制成。到了年末，在广州有着用煎堆来祭祀先祖和赠送给亲朋好友的习俗。

制作点心的工具

◎ 擀面杖

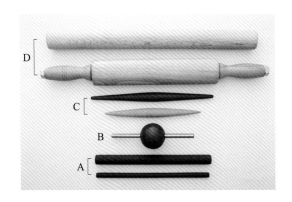

A 擀面杖【细棍】
小号圆柱形擀面杖。常用来擀小面团，制成饺子皮和包子皮等。

B 走锤擀面杖
由一根细棍穿过圆球形成。通过圆球转动来擀面，可以擀出周围带有波形褶边的面皮。

C 橄榄杖【两头细的纺锤形面杖】
根据杠杆原理，利用中间粗的部位做支点，可以左右倾斜的同时前后转动来擀面。比擀面杖更容易擀开大的面团。另外，还可以用来擀出周围带有波形褶边的面皮。

D 酥棍【大号擀面杖】
用于擀开酥皮面团等大面团。还有中间位置可以转动的酥棍。

◎ 其他工具

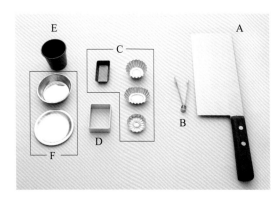

A 拍皮刀【点心刀】
它的特点是没有刀刃。用刀面代替擀面杖，直接将澄粉面团展开到又薄又平。另外，还可以用来切分面团。

B 花钳【酥皮饼的钳子】
花钳是用来夹糖和点心面团的边缘，做出装饰效果的工具。

C 蛋挞盏【挞模具】
蛋挞盏是用来烤挞的模具。模具有多种形状，有船形的，也有周围都是波浪的形状等。

D 烤饼模【曲奇的模具】

E 蛋糕模【杯子蛋糕的模具】

F 派盘

*月饼的模具，见第149页。

第1章
点心面团的使用、包法和加热法

点心的魅力之一在于其具有丰富多彩的形状。在这里，会介绍点心里通用的擀面法和包法。

简单的"圆球形"和"鸟笼形"是常见的包法，而"麦穗形""皇冠形"以及使用两种颜色的"白菜形"等包法则可以提升点心的价值。

除这两项，还会介绍加热法。

切分面团　　　擀面法

团子

1
用均匀的力度去滚动面团，就可以让面团的厚度均一。抓住面团的两端，拉伸成长条。不需要再撒干粉，以免面团太滑反而难以滚动。

2
面团拉长后，两端容易变细，用手指从侧边按压两端（如图），使整条面团保持统一的厚度。

3
撒上少许干粉，用点心刀或卡板将面团分成多块大小一样的小面团。

4
撒薄薄一层干粉到台面上，将小面团的切面朝上。在切面的表面也撒一层薄薄的干粉，用掌心按成圆饼。

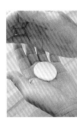

1
将面团放入手中，揉成浑圆的团子形。对于糯米面团，这样操作就不容易出现裂缝，接着用掌心把它按平。

2
双手拇指抵住面团一侧，其余四指聚拢到面团的另一侧。用四指的指腹将面团向拇指方向靠拢，同时顺时针旋转。

3
面团转成碗状以后，拇指保持不动（立起来），四指的指缝逐渐变宽，继续转动面团。面团的口径变大，最后变成厚度一致的深碗形状。

A 饺子、包子

B 眉形饺子、汤饺

> 眉形饺子　　汤饺

左图用来制作上汤煎粉果（见第202页）
右图用来制作鱼翅灌汤饺（见第178页）

A 饺子、包子

1
撒少许干粉，左手在10点方向抓住圆面皮。以到达面皮中心为准来回擀面。擀面时加大力度，由于擀面杖没有超过中间位置，所以擀好后面皮中间较厚。

2
松掉手上的力道，让擀面杖滚回身前的台面，将面皮逆时针旋转（转6～8次为一圈）。重复步骤1的操作。擀面杖朝中心滚动时，逐渐加大力度。

◎ **失败的案例**

面皮带角

　　上述步骤1中如果用力过度，或者是擀面杖滚回台面的过程中加了力度，被加力的这一部分就会带出棱角来，导致不能擀出圆面皮来。

B 眉形饺子、汤饺

1
参照左边的"饺子、包子"的方法擀面。假如需要像做汤饺一样，把硬的面团擀成同样大小的面皮，那么双手擀面（见下方的步骤2和3）的同时，左手还要提着面皮。

汤饺

2
擀面杖滚回到身前的台面上时，和左边的步骤一样，左手提着面皮逆时针旋转，只是双手都不离开擀面杖。

＊如步骤3所示，这些都是连贯的操作，整个过程双手都不能松开。

汤饺

3
重复步骤1和2的操作。擀面杖擀至中间时，左手的拇指和食指捏住面皮朝里拉，使面皮表面弯曲。

4
擀好眉形饺子和汤饺的面皮后，往面皮上撒少许干粉，将5～6张面皮叠到一起，用手再抻一抻。

5
一边转动多张面皮，一边用手按周围和中间厚的部位，最后抻大一圈。若不立即使用，就撒少许干粉到面皮上，再将多张面皮叠到一起，用纸包住密封起来，冷藏保存。

虾饺

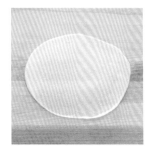

1
将面团分成7～10克（一般的重量）每份。使用之前先用左手揉一下面团，否则面团表面干燥会出现干裂现象。

2
用渗油的抹布擦点心刀面，使刀面沾上薄薄一层油。用沾了油的刀面将步骤1的面团从上往下按平。

3
面皮呈厚度约2毫米的圆形。不需要太大，最终要的是厚度均匀且形状规则。

4
左手按在刀面上，将重心放到刀上，从左向右画弧线，先擀开面团上部的⅔。

5
接下来要擀开下侧的⅓，这次是在下侧画弧线。重复步骤4和5，擀出厚度均匀的圆形面皮。

6
将刀插入面皮的下方，像片东西一样，一口气将面皮削离台面。

7
擀好的面皮的正面沾有刀面上的油，将正面朝下，盛放馅料的那一面朝上放在操作台上。

◎ 失败的案例

只有一侧变薄

A
擀面时，刀锋抬得太高，就会导致右侧的面皮过厚。操作过程中保持刀面与操作台平行。左手按着刀面向斜前方推刀擀面。

B
擀面时，刀推出面皮外，会使面皮右侧受到强力，边缘就会受损且变薄。刀的位置应该像步骤4和5一样，擀面时不能脱离面团。

酥皮饼

将面皮擀成所需的厚度，然后用模具切分。

1 提前一晚将冷冻的面皮放到冷藏室解冻。擀开前先撒上少许干粉，如果面皮还很硬，可使用粗的擀面杖敲打面皮，使整个面皮达到一样的松软度后，就容易擀开了。

2 用擀面杖压面皮的前后两端（靠近身体的一端和另一端）。预留出两端被按压的部分，然后用擀面杖从中间开始向两边滚动擀开。接着再从变厚的位置（预留部分）开始，分别从左右两边向里擀开。

月饼

1 把沾了干粉的点心刀放到圆面团的上方，用左手按住刀的同时，右手微微地上下震动刀柄使面团展开。或者用手掌直接压平。

2 将点心刀放到面皮的底部，就像片东西一样，一口气让面皮削离台面。

包法

包馅的方法

1
左手的手指并拢并往里弯曲，将面皮放在手上。把馅装在手指弯曲后的凹陷处。

2
将面皮的边紧挨着盘子的下方，用刮刀将一份馅刮到面皮上。

3
将馅料放在面皮的中间（步骤1中面皮的凹陷部分），边放馅料边整理。

4
目测馅料接近面皮一半时就可以包了。用一片面皮就可以很容易包起很多馅料。

雀笼包
鸟笼形 <small>常见的包法</small>

1
将馅料放在面皮上，然后用左手的拇指按住馅料的右侧，右手的拇指和食指捏住旁边面皮的边缘。

2
左手的拇指保持不动，右手捏住面皮稍微往里推，这样旁边的面皮便会弯曲。

3
伸出右手的食指将前面弯曲的部分拉向拇指并捏住。右手的拇指保持不动，捏出褶皱后，整体顺时针稍稍转动一下。

4
右手捏出褶皱后，左手的拇指将馅料朝下压一压，右手再往上提褶皱，馅料就会顺势聚拢到面皮的中间。

秋叶包

树叶形 _{主要用来包大量的馅料}

主要用来包大量的馅料

1
将盛有馅料的面皮对折，用左手指腹从面皮外侧夹住馅料。要捏褶的部分（面皮的上端）高出左手指尖。右手的拇指和食指捏住面皮的右端。

2
捏住面皮右端的手指稍微向左倾斜，右端两侧的面皮便会弯曲。

3
用右手的拇指将拇指前面弯曲的面皮拉过来，捏出褶皱。

4
用同样的方法，右手的食指将食指前面弯曲的面皮拉过来，捏出褶皱。

5
重复步骤2—4的操作，当封口处与左手拇指等宽时，便可以松开左手。继续捏褶直至封口，捏住最上面的面皮，调整一下形状即可。

6
褶皱的长度和深度取决于捏住面皮的力度和按压的面积，还有步骤4中右手往上提褶皱的高度。制作好的成品是浑圆的高腰形。

5
当面皮的半边捏出褶皱后，左手将包子慢慢竖起来，右手继续捏褶。这样操作会便于捏褶。

6
用指尖贴着面皮的边缘，从正上方往下捏褶，捏到最后封口即可。

麦穗包

麦穗形 结合"鸟笼形"和"树叶形"的包法

1 参照"鸟笼形"步骤1—4（见第24页），捏褶捏到封口处与左手拇指等宽时，手指便可以松开。

2 用右手的拇指和食指抓住还没有捏褶的面皮。

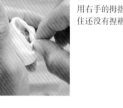

3 参照"树叶形"步骤2—4（见第25页）的方法来捏褶。

4 当馅料已经接近面皮边缘，没有多余的面皮可以弯曲时，用左手将包子口挤成细长形，便可以继续捏褶。

5 左手将包子慢慢竖起来，右手继续捏褶至封口。

6 整个包子的馅料饱满，树叶形的褶皱大约只占它的⅓。

光头*包

圆球形 通过一边压馅一边包，使面皮紧紧地包住馅料。

1 将做好的馅料放到面皮中间。面皮的直径为馅料的1.5～2倍。

2 用右手的拇指轻轻按压馅料，左手往上推面皮，直至面皮的边缘和馅料达到同样高度。

3 一边逆时针转动步骤2的成品，一边用右手的拇指将紧挨面皮的馅料往下压。同时，左手不断地缩小封口。

4 当面皮的边缘高出馅料后，右手的拇指便可以松开。左手的拇指和食指的根部夹住面皮。将面皮的边缘放在手指一半长度的位置，准备封口。

＊"光头"是和尚头的意思。

月牙饺
月牙形

5
右手从下托起包子，将包子逆时针转动的同时，左手进行步骤4的操作。

6
最后扭掉一点面团，让包子完美合口。制作好的包子整个都是浑圆的高腰形状。

1
将盛有馅料的面皮对折，让后面的面皮略高过前面（靠身体）的面皮。能用指腹从面皮外夹住馅料更好。朝下压后面的面皮，待低过前面的面皮后，捏住面皮右端约1.5厘米宽处。

2
右手的拇指保持不动，食指将右前方弯曲的面皮拉向拇指方向，捏出褶皱。

3
右手食指拉出的褶皱，要低于前面的面皮。前面的面皮保持水平方向不要弯曲。

4
重复步骤2—3，右手的食指继续捏褶、在左手中横放的饺子逐渐成形。

5
左手控制着饺子，右手的位置固定不变。注意用指尖从正上方贴着面皮的边缘捏，这样才能捏出同样大小的褶皱。

水饺
水饺形

弯梳饺
梳子形

1 将馅料放到面皮的中间，调整形状。面皮直径是馅料的2～2.5倍。

5 左手的拇指根部和右手食指的指尖夹住饺子的左侧，拇指的指腹压住面皮边。左手余下的四指（从食指到小手指）全部叠放在右手指的上方。

1 将盛有馅料的面皮对折成半圆形，用左手指腹托住馅料。前面（靠身体）的面皮略高过后面的面皮，捏住右边约1.5厘米处。面皮的顶端高出左手的食指。

2 将面皮朝中间对折，将正中的位置捏实以固定形状。熟手可以省略此步骤。

6 双手拇指的指尖放到饺子口的正中间。双手手指和手掌合拢，好像握鸡蛋一样呈半球形。

2 右手保持不动，左手食指的指腹将面皮往右推，旁边的面皮便会弯曲。

3 右手除拇指外的其余手指顺着饺子口的弧度弯曲。将饺子口的面皮边缘（约有食指一半的长度）紧贴食指。

7 保持手型不变，双手（拇指根部）并拢。只需拇指发力，其他手指放松。

3 右手的拇指不动，用食指将步骤2弯曲的面皮拉向拇指，捏出褶皱。重复步骤2—3的操作。

4 右手拇指的指腹压住面皮的边缘，同时用拇指和食指根部夹住饺子的右侧。

8 最后包出浑圆的、没有褶皱的饺子。

4 用左手食指的指腹将面皮往右推出弯的同时，要按住馅料，以避免食指力度过大使馅料外露。弯梳饺与月牙饺（见第27页）的褶皱不同，它用的是朝右推的包法。

鸡冠饺
鸡冠形

凤眼饺
凤凰眼形

◎要点

弯梳饺馅料的装法

将面皮放在左手的食指、中指和无名指上，朝下弯曲中指使面皮中间下凹，在下凹处将馅料装成细长条形。

5
弯梳饺的褶皱中间长两边短。捏长褶时，食指放在低于步骤3中的位置，大概从馅料中间的位置将面皮推出一个弯。

6
直至捏到最后的褶皱为止，每个褶皱都要保持一致。另外，捏褶时，双手拇指不能用力，否则容易弄破面皮。

7
用拇指的指腹和食指的指尖外侧夹住面皮封口。右手夹住封口稍做逆时针旋转并往右轻拉。左手固定住饺子。

8
封口后稍作调整，用拇指的根部推下封口让它立起来。弯梳饺的外形像扇贝的贝壳一样，长长的褶皱向外伸展出去。

1
将盛有馅料的面皮对折，然后捏出约1厘米宽的封口。左手的拇指和食指夹住面皮的左侧。

2
用右手的拇指和食指捏着左手拇指和食指旁边的面皮朝左开始推第一个褶皱。右手的食指先向斜前方推。接着右手的拇指朝反侧推。依次推出指尖大小的褶皱来。

3
拇指是朝这个方向（如图）推的。如裁缝针法的要领一样，右手的两根手指不断交替推进，左边的褶皱不断增加。

4
抓住褶皱的两侧，朝中间挤一挤再蒸，以免蒸的过程中发生变形。

1
将盛有馅料的面皮对折后放在台面上，用右手的食指把右边的面皮往中间推。凹下去的面皮之间形成一个角。

2
右手的拇指和食指将步骤1中两端的尖角捏到一起去，让中间留有一个空洞。

3
左边的面皮做同样的操作。

4
需要牢牢地捏紧饺子的两侧封口，以免蒸的过程中发生变形和开口。凤眼饺也称做象眼饺（大象眼睛的形状）。

皇冠饺
皇冠形

1 将馅料放到面皮的中间，稍作调整。用双手的拇指和食指将面皮推出4等份，并向中间靠拢。

2 合成十字后，用手在面皮的边缘捏出7～8毫米宽的封口。

3 沿着面皮的封口，分别用剪刀剪两下。

4 剪出来后每边有两条面条，用上方的面条和左边下方的面条合口形成一个圆圈。其余的面条做同样操作。最后最下方的部位捏出"鸡冠形"的褶皱来（见第29页）。

白菜饺
白菜形

1 将馅料放到面皮的中间，稍作调整。将面皮推出5等份，并向中间靠拢，然后捏出7～8毫米的封口。

2 用右手的拇指和食指的指腹夹住其中一边的封口，手指前后移动搓出叶子的形状来。

3 用拇指和食指捏住菜叶的根部，将它贴到左边的面皮上。

4 重复步骤2—3的操作，捏出5片叶子，最后调整一下整体的形状。

锁边饺
锁边圆形

1 将馅料放到面皮的中间，然后盖上另外一片面皮，在两片面皮的周围捏出约5毫米宽的封口。按住其中一处封口（不能超过封口部分）朝里面折叠。

2 用拇指的指尖将步骤1中折叠的部位按下去。

3 从步骤2中折叠位置的右侧继续朝里折叠，再用拇指指尖按下去。

4 重复步骤2—3的操作，面皮的边缘逐渐出现绳子的形状。

烧卖

烧卖形

1
烧卖面皮在包馅前，需要先修剪其四角以保持烧卖口整齐。用木铲将馅料按压到烧卖面皮上。

5
当步骤4中木铲滑向身体，在即将脱离馅料的瞬间，呈C形的手指张开，将烧卖逆时针旋转。

2
用木铲往面皮上按压馅料的同时，左手轻轻将面皮往上托。这时，左手的拇指和食指之间呈C形。

6
在重复步骤4—5时，用左手的无名指托住烧卖的底部。这样既可以在压馅时控制烧卖的高度，又可以在手指上慢慢旋转，制作出底部呈平面的烧卖。

3
用左手C形虎口的大小来控制烧卖的高度。

4
烧卖面皮的边缘与左手的虎口同高。用木铲按压馅料的同时，还需要朝左手拇指的上方不断滑动木铲，以此来保持馅料与烧卖面皮边缘的高度一致。

其他包法

锁边粉果 **带锁边的眉形**

角 **橄榄球形**
饺子的通用包法

风车 **风车形**
也叫三角形

梅花 **梅花形**

元宝 **马蹄银形**

鼠尾 **鼠尾形**

盒 两片面皮叠放
形成的形状

粉果 **眉形**
也叫"粉角"

制作点心所使用的加热方法

有许多点心需要经过加热才能制成，这也是制作点心的一大特点。加热并不会改变点心的形状和馅料的味道。与烹饪相比，点心的加热方法并不复杂。按照加热的载体不同分为以下类别。例子是指常见的操作。

水导热……用水，例子：水煮

油导热……用油，例子：油炸

蒸汽导热……用蒸汽，例子：蒸

热气导热……用热气，例子：烘烤

金属导热……用金属热，例子：煎和烙

业界里有一句话，叫作"三分技术、七分火候"，由此可见，制作点心，火候起着至关重要的作用。

第**2**章
包子——
膨发的面团

基本上"包子"是裹着馅料制成的，发面是它的特点。

包子有使用中国特有的天然酵母——"老面"或者使用酵母菌等酵母来发面的面团，还有使用小苏打等膨松剂，通过化学反应膨发的膨发面团。

酵母和膨松剂分别有着自己的特点，并且根据不同的搭配和揉面力度，可以做出多种组织结构不同的面团。使用老面的面团，通过揉面的力度，可以蒸出口感松软、开花的点心，若改了搭配，也可以制出表面紧实不会开花的点心。

同西式的面包面团一样，使用酵母菌的面团既有烘烤的点心，也有蒸出来松软的点心和煎出来特别香的点心。

另外，就算是使用同一种膨松剂的面团，制作方法和搭配不同，口感和组织结构也会不同，非常有趣。

在本章中，我想让大家清楚地了解到，包子面团分别有着不同的特性，迎合各种面团味道或口感的点心种类繁多。

同时，我还想让大家知道通过蒸、煮、煎和炸等不同烹饪方法以及成形的形状不同，可以制作出各种各样的点心，在制作过程中有着非常多的乐趣。

酵母和膨松剂

包子膨发的原因

做包子有两个膨发的技巧。一个是利用酵母等酵母菌，另一个是利用小苏打和泡打粉等膨松剂。

酵母菌分解（发酵）澄粉和糖，在这个过程中产生的二氧化碳可以使面团膨发。另一方面，膨松剂发生化学反应产生二氧化碳和氨气使面团膨发。酵母菌在发酵的时候可以释放出酒精和有机酸，给面团增添一番风味，和膨松剂有很大区别。

关于酵母

用在点心上的酵母有老面（天然酵母）和酵母菌（面包酵母）。

◎ 老面

老面含有乳酸菌等微生物，可以用来制作味道丰富的包子。为了弥补它发酵的不稳定性，大多数情况下会添加少量的膨松剂。

老面的培养方法、保存方法和使用见第42页"关于老面"。

◎ 鲜酵母

鲜酵母是由酵母菌直接压缩制成。由于它含有65%～70%的水分，所以难以保存，必须放入冰箱冷藏，两周内用完。

▶用手直接将鲜酵母揉碎，然后用水将其溶化后混合到面粉中使用。

◎ 活性干酵母

活性干酵母是酵母菌干燥成颗粒形状。酵母虽在休眠状态中，但是颗粒小，活性强，可以直接混在面粉中使用。它的发酵力度较强，只需鲜酵母约⅓的用量。

▶它不需要预备发酵，分散性很好，可以直接混到面粉中使用。若使用少量，一定要注意计量。开封后不要放在潮湿的地方，需密封冷藏保存。

关于膨松剂

常用的膨松剂有小苏打、泡打粉和臭粉。

◎ 小苏打

即碳酸氢钠。加热小苏打发生分解后会产生二氧化碳。但发生的分解并不全面，还会残留碳酸氢钠，这便是面团会有苦味和臭味的原因。另外，由于小苏打具有碱性，与小麦粉的黄酮类色素发生化学作用后会使面团变黄，因此它主要运用在一些制成后色泽浓厚，带有一些苦味和臭味的点心上。

◎ 泡打粉

泡打粉是在它的主要成分即小苏打里加入多种辅助剂（酸性剂）组合而成。在辅助剂的作用下，小苏打完全分解，产生了大量的二氧化碳。另外，它与单独使用小苏打不同，制出的面团是不会变色的，也没有苦味和臭味。泡打粉会运用在一些蒸和烤的食物上，烹饪方法不同，产生气体的温度和时间也会不同。

◎ 臭粉

即碳酸氢铵。臭粉加热后分解出氨气和二氧化碳，它的膨发力很强。它可以让点心具备两个特点，即面团膨发到极大和点心表面有龟裂。由于氨气的臭味难以散去，所以最理想的状态是在高温下加热较长时间。

发酵面团的中和剂 —— 碱水

碱水是碱性水溶液。在点心中，它主要运用在使用老面发酵的面团中，起到中和剂的作用。

在日本，由于碱水是由碳酸钠、碳酸钾、碳酸氢钠和磷酸盐类的钾盐或者钠盐中的一种或两种以上物质混合组成的，所以它有粉末和液体两种形式。与使用中国香港的碱水相比较，日本有很多点心师傅会用同等水量来稀释碱水。若将碱水加到小麦粉里，它会和蛋白质发生作用，增加面团的弹力和延展性。作为发酵面团的中和剂，若使用过量，碱性会在小麦粉的黄酮类色素里发生作用，使面团变成淡黄色，还会有涩味和臭味。在中国甘肃，将盐湖的水和当地一种叫作蓬灰草的灰（蓬灰）一起煮，再过滤制成天然碱水，用在北方的手打面上。

基本面团

叉烧包皮

叉烧包面团

　　叉烧包面团是代表广东点心的面团。在使用大量老面的面皮中包入馅料，即刻就可以蒸制。发面过程抑制了麸质的形成，制成后的成品同松软的马拉糕（见第78页）有着一样的轻盈度和甜度，顶部会自然开裂。面团只需适度搅拌即可富有光泽。

　　制成的面团很光滑，若搅拌过度面团会变重，蒸好的面皮将无法完美开裂。

配方　成品约1000克

老面（天然酵母）600克

砂糖225克

猪油9克

臭粉4克

碱水3.6克

＊根据老面发酵的情况来调整碱水的
用量。若发酵顺利，可以稍增加一
点用量。

低筋面粉225克 ｝将低筋面粉和泡打粉
泡打粉4克 混合过筛

【 老面的计量 】

老面黏手，称量时将它
放在所需的砂糖上一
起计量。

◎要点

面团基本的使用

　　面皮包好馅料后，可以立即上锅
蒸。由于面团不会停止发酵，所以要
快速操作，尽量一次性用完。若有剩
余，需要冷藏保存，避免再次发酵。
冷藏后面团会变硬，难以擀开，下一
次使用时，先将面团切成小块，待温
度恢复至常温时，轻轻揉成一团就可
以擀开。面团从刚拿出到恢复到易于
操作的状态需要一定的时间，若使用
得当，放置了一晚的面团，同样可以
用来制作需要开裂的面皮。

1

将老面和砂糖放入搅拌盆
中，固定好托盘，先用低速
再用中速搅拌至糖全部混入
老面中。

2

混合后，换高速搅拌至糖全
部溶解。由于底部难以充分
混合，所以中途需停下搅拌
机，用刮板混合均匀。

3

混合均匀后，老面表面富有
光泽，接触空气后会变白。
面糊很软，提起搅拌器后面
糊会形成薄膜状往下流。

4

依次加入猪油、臭粉和碱水，
高速搅拌。加入碱水后会使
面糊稍稍变黄一些。

5

面糊混合均匀后，提起搅拌
器，往下流的面糊会变得更
滑、更薄。

6

加入过筛的粉类，用刮板将
它们混合均匀。

7

给搅拌机换上搅拌钩，用中
速稍微搅拌一下。若搅拌过
度，面团会变重。

8

把搅拌好的面团拿到台面上，
轻轻揉成一团。为了避免面
团变干，将它放入密封袋里，
常温下放置约15分钟。

生煎发面皮

生煎老面面团

生煎老面面团如果控制好了老面的使用量，蒸熟的面皮就不会开裂。

小麦粉的比例超过50%，擀好面皮立刻包入馅料去蒸制。

蒸好的面皮虽有着老面发酵面团特有的光滑和湿度，但吃起来口感还是比较紧实的。

主要用来包肉汁较多的馅料，适合煎、蒸和油炸。

配方　成品约1100克

老面（天然酵母）150克

砂糖140克

猪油12克

臭粉3.8克

碱水0.9克

水240克

低筋面粉600克　┐将低筋面粉和泡打粉
泡打粉20克　　┘混合过筛

1
将老面和砂糖倒入搅拌盆中，固定好托盘，用低速或中速搅拌至糖全部混入老面中。

2
混合后，换成高速搅拌。糖溶解后老面就会变软，提起搅拌器，面糊会往下流。

3
老面接触空气后会变白，搅拌至富有光泽后依次加入猪油、臭粉和碱水，继续高速搅拌至充分混合。

4
将速度换回中速，分多次加水化开老面。水的用量改变了老面的发酵状态。若发酵顺利可以减少水的用量。

5
老面化成均匀的流体。

6
加入过筛的粉类，用刮板将它们混合均匀。

7
给搅拌机换上搅拌钩，用中速稍微搅拌一下。若搅拌过度，面团会变重。

8
把搅拌好的面团拿到台面上，轻轻揉成一团。为了避免面团变干，将它放入密封袋里，常温下放置约15分钟。

包裹馅料的操作和剩余面团的使用见第39页"面团基本的使用"

关于老面

老面

　　发酵面团在后汉时期才开始出现在文献上。早期的包子与酒馒头一样，是利用酒种的发酵面团。点心使用的酵母有老面（天然酵母）和酵母菌（面包酵母）。天然酵母是由苹果、葡萄干和酸奶等食材培养制成。老面也叫作面种，它可以重复利用，只需要留下其中一部分，便可以做为下一次发酵的种子，各个餐馆都有长年使用的老面。老面在市面上是没有售卖的，新人（点心厨师）若想使用老面，会从店里得到一些。虽然它和酵母菌一样不是单一的酵母，但在培养的过程中，各种各样的微生物和酵母都在发生关系，这是一个复杂的发酵过程。而这正是酵母菌无法做出和老面做成的点心一样的口感的原因。

培养和使用

　　增加老面的方法是，在少量的老面里加入小麦粉和水一起揉，然后培养。培养的时间需要12小时，而且24小时后还需再揉面一次。通过取少量老面加入小麦粉和水来培养老面，虽然较经济，但是操作过程中微生物在不断地活跃着，发酵状态不一定受到温度和湿度等周围环境的影响，因此需要有丰富的经验。

◎不同类型的成品

揉面程度不同

　　本书中使用老面的基本面团"叉烧包面团"（见第38页），是在搅拌的老面面团里加入低筋面粉和泡打粉，而且需过度揉面。

　　若揉面过度会形成麸质，蒸制时开裂的样子会有少许不同，面皮的口感也会变得紧实。揉面程度不同，可以制成不同类型的面团。

面皮厚度不同

应用案例 **千层饼**

　　千层饼是先将叉烧包面团擀薄后，用模具按压出形状，接着在面皮上盛放香菜叶和仿造蟹黄，再蒸制成的点心。通常与片皮烧乳猪搭配食用。千层饼的面皮很薄，虽然使用膨发面团或者发酵面团都可以，但是通常在中国香港的店铺更多使用老面面团。

老面的培养方法

配方

老面（天然酵母）100克

水600～750克

低筋面粉1.2～1.5千克

油适量

1

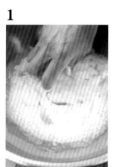

用适量的水化开老面。

2

分多次加入剩余的水量，使老面完全溶解。

3

在步骤2的老面中混入低筋面粉。

4

全部混合后，用折叠的方式来揉面。要避免揉面过度而产生麸质。

5

面团表面不需要很光滑。面粉和水混合好即可。

6

搅拌盆和面团表面都刷上一层薄薄的油，盖上拧干的湿毛巾（像浴巾那么厚的布），常温下发酵12个小时就可以使用。

7

放置了12小时，充分发酵的老面。

＊若无需培养时，取少量老面冷冻保存。需要时再取出来解冻，按照上面的配比来培养即可。

甜面包皮

蒸包面团

蒸包面团是使用酵母菌（面包酵母）的正规蒸点用的发酵面团，它需要两次发酵。

发酵时间充分，便可以诱发出小麦粉的香味，使面团增添独特的味道和弹性。

制成的面皮质地是海绵状的，口感很好。

它与老面面团不同，制成的成品表皮不会开裂。

配方　成品约700克

低筋面粉320克 ⎤
高筋面粉80克 ⎬ 将低筋面粉、高筋面粉和
泡打粉10克 ⎦ 泡打粉混合过筛
活性干酵母6克
盐2克 ⎤
砂糖60克 ⎬ 混合盐、砂糖和温水
温水（约38摄氏度）240克 ⎦
猪油20克
油适量

1

将过筛的粉类和活性干酵母倒入搅拌盆中混合。接着加入盐、砂糖和温水的混合物一起轻轻搅拌。

2

装上搅拌钩，低速搅拌，看不到粉末后换中速搅拌。一直搅拌至缠绕在搅拌钩上的面团表面光滑为止。

3

充分混合后，形成的麸质膜较厚。再加入与面团硬度相同的猪油，低速搅拌。

4

猪油混入面团后，换中速充分搅拌。面团不断地卷到搅拌钩上。

5

当听到吧嗒吧嗒的声音时，把面团取到台面上揉搓。

＊与餐包面团（见第48页）相比，蒸包面团的加水量和油脂较少，抻开后膜也会较厚些。

6

用双手将面团的两端往下卷成一团，使面团露出光面。搅拌盆和面团表面都刷上一层薄薄的油，盖上拧干的湿毛巾，在约35摄氏度的温度下发酵30分钟左右。

7

面团约膨发至2倍大。用沾着干粉的手指从面团中间插进去，面团不会回缩即可。若插进去面团立刻回缩，说明发酵不充分。

8

从面团中间朝外挤压，挤出里面的空气。参照"餐包面团"的步骤7—8（见第49页），根据蒸包所需的分量切分面团。

生煎包皮

生煎包面团

生煎包面团通过控制搅拌程度抑制了麸质的形成，面团的手感较沉，成品口感紧实。

面团组织结构细腻，可以用来包带汁的馅料。

适合生煎、蒸和油炸。

配方　成品约420克

高筋面粉250克

活性干酵母1克

砂糖8克

盐少许

水160克　　混合砂糖、盐、水和碱水

碱水2～3滴

油8克

1

将高筋面粉和活性干酵母倒入搅拌盆中混合均匀。加入配方中砂糖、盐、水和碱水的混合物，混合至没有粉末。

2

充分揉面至面团不会粘到搅拌盆上。把附在搅拌盆上的余面刮下来继续揉面。最后倒入油，进一步揉面。

3

揉好后把面团放到台面上，边摔边揉。如图所示，面团表面还未光滑是因为麸质的形成还不够充分。

4

边摔边抻开面团。随着麸质的顺利形成，面团表面变得光滑，很容易就可以脱离台面。

5

将面团拿起，揉成圆形。用双手手掌将面团两端往下卷，露出面团光面。

6

搅拌盆和面团表面都刷上一层薄薄的油（不计在用量里），盖上拧干的湿毛巾，在约35摄氏度的环境下发酵20～30分钟。

7

面团约膨发至2倍大。检查发酵效果，挤出面团里的气泡（见第45页"蒸包面团"步骤7—8）、切分面团见第49页"餐包面团"步骤7—8）。

基本面团

餐包皮

餐包面团

餐包面团是利用酵母菌（面包酵母）来制作烘烤点心的发酵面团。
餐包面团很丰富，它有着烘烤点心特有的弹性和味道。
与老面面团相比，做出的成品整体都是流畅的圆形。

配方　成品约800克

高筋面粉400克	温水（约38摄氏度）140克
活性干酵母6克	炼乳10克
奶粉15克	猪油20克
鸡蛋120克	黄油40克
蛋黄80克	
盐6克	＊猪油和黄油与面团硬度相同。
砂糖40克	油适量

1 将高筋面粉和炼乳倒入搅拌盆中，轻轻搅拌。给搅拌机装上搅拌钩，低速搅拌，看不到粉末后换中速搅拌。

2 时不时停下来，把搅拌盆底部和侧边难以混合的面糊刮进来继续搅拌。当麸质形成后，面团会缠绕在搅拌钩上。

3 面团湿润，表面光滑。取一些面团，扯开虽会有膜，但还未充分，此时的膜较厚，没有光泽。

4 分多次加入猪油和黄油，用低速搅拌，混合均匀后换高速搅拌，麸质的组织变强。当发出吧嗒吧嗒的声音时，面团会全部缠绕到一起。

5 此时，面团组织紧实，形成麸质。面团中拌入油脂后，很容易就可以扯到很薄的状态，表面富有光泽。由于操作过程破坏了麸质的一部分组织，所以需要中速搅拌修复麸质。

6 把面团拿到台面上揉成团。同"蒸包面团"步骤6—7（见第45页）一样，将面团两端往下卷，露出面团光面，让面团静置发酵（区别是面团表面不需要抹油）。

7 挤掉面团中的空气（见第45页步骤8），把面团分成餐包所需的份量。

＊若切得太细将会切断麸质的组织结构，应分1～2次切分出所需的量。

8 将切分好的小面团的两端往下卷，露出光面，轻轻揉圆。盖上拧干的湿毛巾，在35摄氏度下发酵约30分钟。

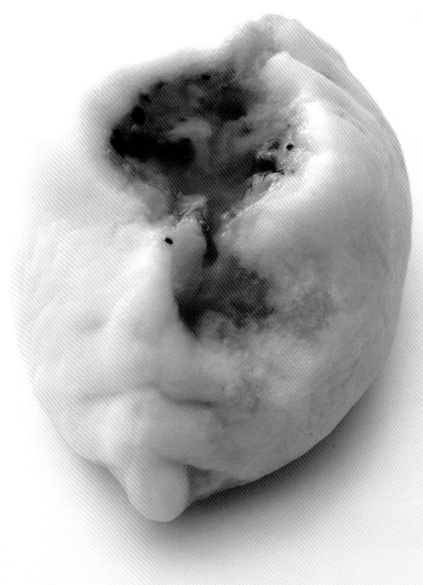

化学包皮

膨松剂面团

膨松剂面团是利用膨松剂便可以轻松制作的面团。

它与酵母菌面团不同，不需要充分揉面。

膨松剂遇水和热，便会发生反应产生二氧化碳，同时面团的淀粉遇热会变成糊状。

二氧化碳包在面糊中会使面团膨发。

虽然做好的面皮表面光滑、组织结构疏松，但是制作过程抑制了麸质的形成，面皮没有嚼劲。

配方　成品约350克

低筋面粉200克 ┐ 将低筋面粉和泡打粉
泡打粉9克 ┘ 混合过筛
砂糖50克
牛奶60克
蛋白40克
猪油4克

1

将砂糖、牛奶和蛋白倒入搅拌盆中混合至砂糖溶化。

2

将过筛好的粉类倒入另一个搅拌盆中，接着倒入步骤1中¾的混合物。当面粉和液体大概混合，倒入余下的步骤1中的混合物。

3

将搅拌盆周边的余粉刮到一起揉。

4

当面粉和液体充分混合后，加入猪油揉面。

5

把面团拿到台面上，用手掌沿着台面擦开面团，直至面团紧贴在台面上。然后将面团对折，反复操作。

6

擦好后将面团揉成团。将面团放入密封袋中，常温下放置约20分钟，使面团得到充分混合，麸质也达到稳定水平，这样的面团才易于使用。

奶皮

牛奶面团

　　牛奶面团是由小麦粉里加入澄粉、砂糖、蛋白和猪油等多种食材混成而成，面团柔软，难以操作，蒸好的包子因砂糖的保湿性而老化缓慢。

　　揉面过程抑制了麸质的形成，制成的面皮柔软，像舒芙蕾一样口感绵润。

　　别称"猪油包皮"。

配方 成品约860克

牛奶150克

砂糖225克

蛋白40克

醋10克

低筋面粉320克 ⎫
澄粉75克   ⎬ 将低筋面粉、澄粉和
泡打粉20克   ⎭ 泡打粉混合过筛

猪油50克

1

将牛奶、砂糖、蛋白和醋倒入搅拌盆中，用（手动）打蛋器打发混合至砂糖溶化。

2

在过筛的粉类里加入猪油，用刮板混合。

3

将步骤2的面粉倒入步骤1的混合物中。

＊这个搭配减少了小麦粉的比例，增加了澄粉，这样既可以增加面皮的透明感，也能抑制麸质的形成。

4

面粉和液体混合时，要尽量避免揉搓混合。由于牛奶面团配方中的砂糖用量约是其他加了膨松剂面团的2倍，因此在这个阶段面糊湿润、有黏性且较重。

5

拌好的面糊柔软，这时还不能使用。将面糊放入冰箱冷藏约20分钟，待它紧实起来便可以使用。

6

冷藏20分钟后。泡打粉遇水发生反应产生二氧化碳，面团会出现气泡。如果放置时间过久，面团的膨松度会减弱，所以应尽快使用。

瑶柱草菇滑鸡包

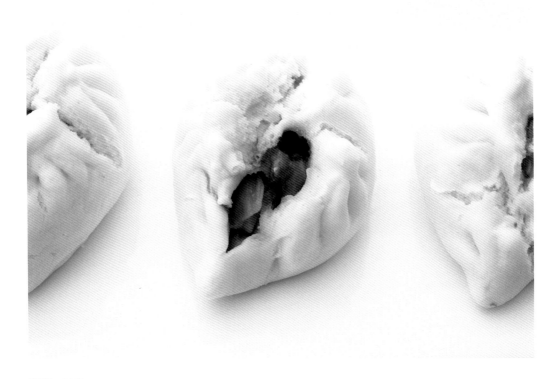

配方　24个

叉烧包面团（见第38页）480克

滑鸡馅（见第255页）480克

1. 用擀面杖将20克小面团擀成直径为7厘米的圆形面皮（见第21页A）。
2. 在面皮上盛放20克馅料，包成"麦穗形"（见第26页）。
3. 将成品摆放在油纸上，用大火蒸约8分钟。

蚝油叉烧包

配方　48个的份量

叉烧包面团（见第38页）960克
叉烧馅（见第248页）720克

1. 用擀面杖将20克小面团擀成直径为7厘米的圆形面皮（见第21页A）。
2. 在面皮上盛放15克馅料，包成"鸟笼形"（见第24页）。
3. 将成品摆放在油纸上，用大火蒸约6分钟。

咖喱鸡包

配方　20个的份量

生煎老面面团（见第40页）400克
咖喱鸡包馅（见第256页）400克

1. 用擀面杖将20克小面团擀成直径为7厘米的圆形面皮（见第21页A）。
2. 在面皮上盛放20克馅料，包成"鸟笼形"（见第24页）。
3. 将成品摆放在油纸上，喷水打湿表面，放置约10分钟。
4. 用大火蒸约8分钟。

酥皮酥炸咸蛋奶黄包 **酥皮咸蛋奶黄包**

酥皮咸蛋奶黄包

配方　24个
叉烧包面团的应用
- 叉烧包面团（见第38页）480克
- 油酥（见第98页）适量

馅料
- 咸蛋奶黄馅（见第251页）360克
- 香蕉（切成1厘米的方块）1个

【制作馅料】
1. 将咸蛋奶黄馅分成15克一个，每个加入一块香蕉一起揉圆。

【制作面团】
2. 将叉烧包面团擀成长条，切分成20克一份的小面团，在小面团的顶端放上少量油酥，对折包入油酥（图a～c）。
3. 把小面团擀成8～10厘米长的面皮，参照"中式小型层酥面团"的步骤6—12（见第104页及105页）所示的方法折叠面皮（图d）。
4. 用擀面杖将叠好的面皮擀成直径为6厘米的圆形面皮（见第21页A）。

【加工】
5. 用面皮裹住馅料包成"圆球形"（见第26页），然后摆放在油纸上，喷点水到圆球的表面以防表皮干燥，静置7～8分钟。
6. 用中火蒸6～7分钟。
▶ 在基本的开裂面团里夹入油酥，做成酥皮面团（酥皮），面团将不会裂开。

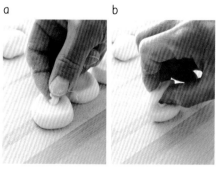

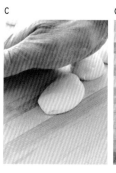

酥皮酥炸咸蛋奶黄包

撕掉蒸好的"咸蛋奶黄包"的油纸，将奶黄包放到约170摄氏度的油锅里油炸。

其他花样　换一种馅料制作

莲蓉咸蛋奶黄包

配方　24个
叉烧包面团的应用
- 叉烧包面团（见第38页）480克
- 油酥（见第98页）适量

馅料
- 莲蓉馅360克
- 咸蛋黄（见第359页）2个

1. 将咸蛋黄放入锅中，蒸约5分钟，然后1个分为12等份。
2. 将莲蓉馅分为1份15克，每份莲蓉馅加1份咸蛋黄一起搓圆。
3. 参照"酥皮咸蛋奶黄包"的步骤2—6来操作。

＊莲蓉咸蛋奶黄包也可以用上面酥皮酥炸咸蛋奶黄包相同的油温来炸，制成油炸莲蓉咸蛋奶黄包。

腐乳扣肉煎包

配方　18个

生煎老面面团（见第40页）300克

馅料　成品18个（约416克）

- 五花肉300克
  生姜（切碎）5克
  亚实基隆葱（切碎）15克
  【调味料】
  腐乳（见第359页；糊状）60克
  二汤（见第364页）100毫升
  砂糖15克
  老抽少量
  食用色素（红色）少量
- 水调马铃薯淀粉适量

油适量

【制作馅料】

1. 将五花肉分成18等份，每份大概5厘米×1.5厘米、厚1厘米。

2. 往锅里倒入适量的油，油热后将步骤1中的五花肉倒进去炒。肉炒香后盛出来，放在热水里过油。

3. 用少量油炒香生姜和亚实基隆葱，然后加入调味料中的腐乳。接着倒入步骤2的五花肉、二汤、砂糖、老抽和食用色素等食材，一起炒匀后倒入盆中，蒸90分钟（图a）。

4. 将步骤3的成品换到锅里加热，加入水调马铃薯淀粉勾芡收汁（图b）。最后倒进搪瓷烤盘中散热（图c）。

【加工】

5. 用压面机把面团压成2毫米厚的面皮，然后切分成7厘米×10厘米的四方形。用擀面杖将面皮的四周（除了要放肉的位置之外）擀薄。

6. 横向摆放步骤5面皮的长边。将一块肉放在面皮上，然后将面皮对面方向卷起，切掉对面方向多余的面皮，面皮边缘缘沾水封口。

7. 卷好后将封口朝上，用擀面杖将两端的面皮擀薄，然后切成三角形，沾点水朝中间折叠。从步骤6开始的操作参照图d。

8. 将步骤7的封口朝下摆放在油纸上，静置约10分钟后，用大火蒸约6分钟（图e）。在锅里倒入薄薄的一层油，撕开油纸，把肉包放到锅里煎。

＊若有客人点单，蒸2～3分钟，回温后煎制即可供应。

a　　　b

c　　　e

d

山东包

配方 33个

蒸包面团（见第44页）660克
山东包馅（见第257页）660克

1. 取20克小面团，轻轻挤压出面团里的空气，用擀面杖擀成直径为6～7厘米的圆形面皮（见第21页A），在面皮上盛放20克馅料，包成"树叶形"（见第25页）。
2. 将成品摆放在油纸上，喷水打湿表面，放在35摄氏度的地方发酵20～30分钟。
3. 用大火蒸约7分钟。

天津生肉包

配方 27个

蒸包面团（见第44页）540克
天津生肉包馅（见第257页）540克

1. 取20克小面团，轻轻挤压出面团里的空气，用擀面杖擀成直径为5～6厘米的圆形面皮（见第21页A），在面皮上盛放20克馅料，包成"鸟笼形"（见第24页）。
2. 将成品摆放在油纸上，喷水打湿表面，放在35摄氏度的地方发酵20～30分钟。
3. 用大火蒸6～7分钟。

螺丝卷

配方　分别20个

蒸包面团（见第44页）600克
蒸糖浆红枣（见下方）20个
火腿（见第359页，切末）适量
香草油（见下方）适量

1. 轻轻按压面团，挤出里面的空气，将面团擀成60厘米×15厘米的长方形，在面团表面刷上适量的香草油。
2. 将面团长边横向摆放，然后对折，在表面刷上适量的香草油（图a），竖切成2毫米宽的面条。
3. A：枣泥螺丝卷
   抓住面条（15克）的两端，将面条拉长，然后用拉长的面条缠绕蒸糖浆红枣，最后绕成漩涡形（图b～c）。
   B：火腿螺丝卷
   抓住面条（15克）的两端，将面条拉长，然后用拉长的面条缠绕左手食指，最后绕成漩涡形。在中间位置放上火腿（图d）。
4. 将成品摆放在油纸上，喷水打湿表面，在约35摄氏度的地方发酵20～30分钟。
5. 用大火蒸5分钟。

【香草油的制作方法】

锅中放入100克油、100克砂糖还有一个切开的香草荚，用低火加热。

＊蒸也可以。

【蒸糖浆红枣的制作方法】

将20个红枣（干燥，见第357页）泡水一晚，使它发起来，再用糖浆（用300克水煮溶100克砂糖，冷却后制成）蒸红枣约10分钟，直接放凉即可。

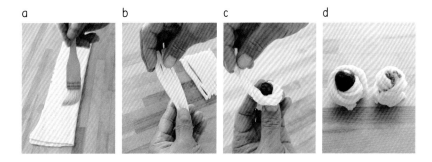

a　　　b　　　c　　　d

银丝卷

配方 5个

蒸包面团（见第44页）700克
火腿（见第359页，切末）适量
香草油（见第61页）适量

1. 取⅔的面团，轻轻按压挤出面团里的空气，擀成60厘米×10厘米的长方形，按照"螺丝卷"（见第61页）步骤1—2切分成2毫米宽的面条。
2. 将上述面条分成5等份，将火腿撒到分好的一份面条（约84克）上，然后抓住面条的两端，将它们拧到一起，边拧边拉（图a～b）。
3. 将剩余的⅓面团擀成45厘米×15厘米的长方形。将长方形长边纵向摆放，把步骤2中拧好的面条放在最前边（靠身体）的面团上，慢慢卷起面条的同时挤掉多余的空气（图c），最后沾水封口。切下多余的面皮，按照同样的方法继续操作，总计制成5个。
4. 将卷好的成品两端拧到背部固定住。
5. 将成品摆放在油纸上，喷水打湿表面，在约35摄氏度的地方发酵20～30分钟。
6. 用大火蒸约8分钟。

花卷

配方 15个

蒸包面团（见第44页）300克
香草油（见第61页）适量

1. 轻轻按压面团挤出面团里的空气，将面团擀成45厘米×15厘米的长方形，将长方形长边横向摆放，表面刷上适量的香草油。
2. 从最前端（靠身体）开始卷起面团，从一头开始横切成1个10克的小面团，将两个小面团叠放一起并压扁（图a）。
3. 压扁后抓住面团的两端，将面团拉长，如绳子一样重叠两端，并牢牢压紧（图b～c）。
4. 将成品摆放在油纸上，喷水打湿表面，放在约35摄氏度的地方发酵20～30分钟。
5. 用大火蒸约5分钟。

芝麻味面包

配方　30个

蒸包面团（见第44页）660克
冬葱（切碎）适量
油适量
炒熟的白芝麻适量
喜欢的熟食适量

1. 将冬葱放入热好的油锅中炒香，然后放凉。
2. 取15克小面团，轻轻按压挤出面团里的空气，用擀面杖将面团擀成直径为5厘米的圆形面皮（见第21页A）。
3. 将7克面团揉圆后粘上步骤1的冬葱，然后放在步骤2的面皮上，包成"鸟笼形"（见第24页）（图a～b）。封口朝下，轻轻按压。
4. 喷水打湿成品的表面，撒上炒熟的白芝麻，放在约35摄氏度的地方发酵30分钟左右。
5. 将粘有白芝麻的那面朝上摆放，放入预热好的烤箱中，用200摄氏度烘烤约9分钟。
6. 将烘烤好的面包储存起来，若有客人点单，先加热面包，然后划开一个口子取出中间的面团（图c），配上熟食供应给客人。
7. 客人会把熟菜夹在芝麻面包里享用。

▶夹着炒香的肉末一起享用的肉末烧饼，曾出现在清朝慈禧太后的梦中，因此以肉末烧饼这个名称流传开来。

a

b

c

蛋黄流沙包

配方　20个

蒸包面团（见第44页）300克

咸蛋黄馅（见第271页）160克

＊挖出20个直径为24毫米的球形蛋黄（1个8克）。

1. 取15克小面团，轻轻按压挤出面团里的气泡，用擀面杖将小面团擀成直径约为5厘米的圆形面皮（见第21页A），将馅料放在面皮上，包成"鸟笼形"（见第24页）。
2. 将成品的封口朝下摆放在油纸中，喷水打湿表面，放在约35摄氏度的地方发酵15分钟左右。
3. 用中火蒸约5分钟。

掰开的瞬间，馅料流出来。

像生刺猬包

配方　20个

蒸包面团 成品约320克

- 低筋面粉200克
- 砂糖20克　　　将低筋面粉、砂糖和
- 泡打粉4克　　　泡打粉混合过筛
- 活性干酵母2克
- 牛奶100～110克

红豆馅140克

装饰

- 黑芝麻40粒
- 食用色素（红色）少量

【制作面团】

1. 将过筛的粉类和活性干酵母放到搅拌盆中混合。接着加入牛奶，搅拌均匀。

2. 用压面机将面团压成厚2毫米、宽20厘米的长方带，横向摆放长边，从前端（靠身体）开始卷成1条长条（图a）。用保鲜膜卷起长条，在常温下放置2～3分钟，让面团充分混合。

【加工】

3. 将红豆馅分成每份7克，揉成圆形。

4. 取16克小面团，用擀面杖将面团擀成直径为5厘米的圆形面皮（见第21页A）。

5. 将馅料放在面皮上，包成"圆球形"（见第26页），将圆球的封口朝下调整成鸡蛋形状，用左手拇指和食指中间在侧边夹出脸部形状（图b）。

6. 用小剪子在身体部位剪出小刺，在脸部点入黑芝麻做眼睛，刺猬的模样就出来了。

7. 将刺猬摆放在油纸上，喷水打湿表面，在常温下发酵约1小时。

8. 用大火蒸7～8分钟。再用食用色素在刺猬脸部前端点出1个红鼻子。

＊黄色刺猬是由面团（320克）混入姜黄（0.5克）制成的。

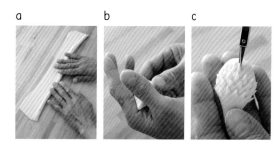

a　　　　　　　b　　　　　　　c

椰奶荔枝包

配方　32个

面团

- "像生刺猬包"面团（见第65页）320克
- 草莓干2个

馅料

- 椰奶馅（见第252页）192克
- 鲜荔枝16个

装饰

山楂条（见第358页）5条

【制作面团】

1. 在50克面团里混入草莓干，做成红色面团（图a），然后搓成40厘米长的长条。
2. 用压面机把剩下的270克面团压成40厘米×20厘米的长方形，将步骤1的长条面团放在长方形中间卷起。切分成32个10克的小面团（图b）。
3. 将小面团的切面朝上，用擀面杖将面团擀成直径为5厘米的圆形面皮（见第21页A），然后在漏网上压出荔枝的纹路（图c）。

【加工】

4. 将荔枝从中间切开一半，去皮去核，并沥干水分。将6克椰奶馅塞入切开的荔枝中。
5. 将步骤4的馅料放在面皮上，包成"圆球形"（见第26页），将圆球封口朝下，用筷子从正上方的中间插出一个洞（图d～e）。将成品摆放在油纸上，喷水打湿表面，常温下发酵约1小时。
6. 用大火蒸5～6分钟。将山楂条切细后插进洞里。

▶白居易说荔枝"若离本枝，一日而色变，二日而香变，三日而味变，四五日外，色香味尽去矣"。据说大唐皇帝唐玄宗为博杨贵妃一笑，让骑士日夜兼程，快马加鞭送来了荔枝。

a　　　　b

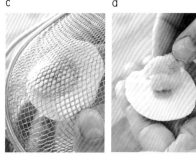

c　　　　d

e

生煎包

配方 20个

生煎包面团（见第46页）400克

小笼包馅（见第245页）

肉皮冻20个（1个10克）

猪肉馅500克

胡葱（切末）适量

炒熟的白芝麻适量

油适量

1. 取20克小面团，轻轻按压挤出面团里的气泡，用擀面杖将面团擀成直径为7厘米的圆形面皮（见第21页A）。将25克馅料和1个肉皮冻放在面皮上，包成"鸟笼形"（见第24页）（图a）。

2. 在底部较厚的平底锅里倒入少许油，在锅中依次摆放入表面刷了油的步骤1的成品。锅里倒入包子²⁄₃高的油，盖上锅盖，用低火或中火煎4～5分钟。

3. 在步骤2中洒上适量的水，盖上锅盖煎约1分钟，待包子表面湿润，撒上胡葱和炒熟的白芝麻即可。

＊享用时，先咬破生煎包的面皮，喝一下里面的热汤（图b）。

▶面团的管理很难，另外还有用热水和凉水揉面（"状元水饺面团"见第177页）或者温水揉面团（"小笼包面团"见第144页），然后在面团里拌入油使用。

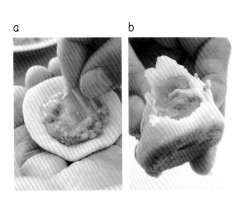

a　　　b

锅贴豉汁牛柳包

配方　30个

生煎包面团（见第46页）300克

馅料

- 牛肉馅（见第242页）300克
- 卷心菜（切碎）100克
- 天津冬菜（见第359页，切碎）20克

【调味料】

- 水40克
- 豆豉（已经预处理，见第362页）20克
- 辣椒油1小匙
- 芝麻油1小匙
- 生姜（切末）6克
- 香菜（切块）6克
- 炸蒜蓉（见第247页）6克

油适量

【 制作馅料 】

1. 在卷心菜里加入¼小匙的盐（配方用量外），腌制约30分钟，让卷心菜脱水。用水快速冲洗天津冬菜。

2. 在牛肉馅里加入调味料中的水，混合均匀。拌入调味料中其他的食材、冬菜和卷心菜，搅拌均匀后放入冰箱冷藏，使馅料更加紧实入味（图a～b）。

3. 取10克小面团，轻轻按压面团挤出里面的空气，用擀面杖将面团擀成直径为6厘米的圆形面皮（见第21页.A）。将15克馅料放在面皮上，包成"鸟笼形"（见第24页）

4. 在底部较厚的平底锅中倒入少许油，将步骤3的包子依次摆放在锅中，接着倒入包子⅓高的水后盖上锅盖，蒸4～5分钟。当水干后，加入少量的油，煎制包子底部滋滋作响。

▶广东料理中，"窝贴"即煎单面的"锅贴"

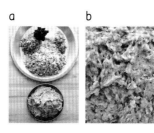

叉烧焗餐包

配方　25个

餐包面团（见第48页）750克
叉烧馅（见第248页）375克
蛋液（见第11页）适量

1. 取30克小面团，轻轻按压面团挤出里面的空气，用擀面杖将面团擀成直径为7厘米的圆形面皮（见第21页A）。
2. 将15克馅料放在步骤1的面皮上，包成"鸟笼形"（见第24页）。将成品的封口朝下放。
3. 将步骤2的成品依次摆放在烤盘上，喷水打湿表面，然后放在约35摄氏度的地方发酵30分钟左右，会膨发至2倍大。
4. 给成品表面刷上蛋液，放入预热好的烤箱中，用200摄氏度烘烤约10分钟。

鱼柳焗餐包

配方　24个

餐包面团（见第48页）720克
白肉鱼（鱼身上部分的鱼肉，鲈鱼等）480克
腊肠（已经预处理，见第359页）6根
洋葱2个
蛋液（见第11页）适量
油适量

预先准备白肉鱼的调味料

┌ 炸蒜蓉（见第24/页）1大匙
│ 蚝油2⅔小匙
│ 砂糖10克
│ 番茄酱2⅔小匙
│ 生抽2⅔小匙
│ 盐一小撮
│ 胡椒少量
│ 芝麻油2小匙
│ 鸡蛋30克
└ 马铃薯淀粉15克

混合炸蒜蓉、蚝油、砂糖、番茄酱、生抽、盐、胡椒、芝麻油和鸡蛋。

酱汁A

＊混合以下食材。

┌ 蚝油120克
│ 潮州辣椒油120克
│
└ ＊潮州辣椒油（见第364页）。

酱汁B

＊混合以下食材。

┌ 蛋黄酱140克
│ 甜味智利辣椒酱50克
│
│ ＊甜辣椒酱（见第362页）。
└ 芥子粒50克

1. 将鱼肉切成24份5厘米长的长条。将鱼肉放进配方中预先混合好的调味料（油炸蒜蓉和鸡蛋）中，最后加入马铃薯淀粉，混合均匀后静置20分钟。
2. 先用刀腹拍腊肠至出现裂痕，接着将腊肠纵向切半，然后再将长的那截分成两半。即1根腊肠分成4小段。
3. 将洋葱（不需要去芯）纵向切半，然后分成24等份。
4. 用180摄氏度的油温油炸步骤1中的鱼肉，只需炸到鱼肉表面凝固即可。
5. 取30克小面团，轻轻按压面团挤出里面的空气，然后擀成30厘米长的长条，将长条对折2次变成4条（图a）。
6. 在面条上依次摆放1段腊肠、酱汁A、2片洋葱、酱汁B和1块鱼肉（图b）。然后拉起面条缠绕住面条顶端的馅料（图c～d）。1份约需要使用10克的酱汁A和10克的酱汁B。
7. 将成品封口朝下，喷水打湿表面。在约35摄氏度的地方放置30分钟左右，直至发酵差不多2倍大。
8. 在成品表面刷上蛋液，放进预热好的烤箱中，用210摄氏度烘烤10分钟。

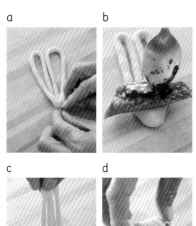

a　b
c　d

黑椒肉包

配方　20个

膨松剂面团（见第50页）300克
黑椒肉包馅（见第259页）300克

1. 用擀面杖将15克的小面团擀成直径为15厘米的圆形面皮（见第21页A），然后将15克馅料放在面皮上，包成"树叶形"（见第25页）。从左右两边分别朝中间捏褶，中间无需合口，保持开口状态即可。

2. 将成品摆放在油纸上，用大火蒸5～6分钟。

▶蒸好后即刻享用，或者待面皮吸入馅料的汤汁后再享用。无论哪一种享用方式都有着它独特的味道。

菠萝芝麻饼

配方　25个

面团　成品约400克

┌ 低筋面粉225克 ┐将低筋面粉和泡打粉
│ 泡打粉7克 ┘混合过筛
│ 砂糖35克 ┐
│ 牛奶60克 │混合砂糖、
│ 水75克 ┘牛奶和水
└ 猪油7克

菠萝馅（见第254页）250克

糖水金橘（见第358页）7个

白芝麻适量

蛋白适量

油适量

【制作面团】

1. 在过筛的粉类中加入砂糖、牛奶和水的混合物，稍微混合一下便加入猪油一起搅拌。

2. 将面团放入密封袋中，以防面团变干，常温下静置约20分钟，让面团松弛。

【加工】

3. 将馅料分成每个10克。将每个糖水金橘分别切成4小块，这里使用其中的25小块。

4. 用手掌将15克的面团直接压成直径为3厘米的圆形面皮，在面皮上盛放馅料和1小块糖水金橘，包成"圆球形"（见第26页）（图a）。

5. 在圆球的上半部依次刷上少量蛋白和撒上白芝麻，然后将圆球轻轻压成饼。

6. 将面饼摆放在漏网上，放入150摄氏度的油锅里油炸。待面饼浮上来后，逐渐升高油温，炸至颜色金黄即可。

　a

蛋黄千层糕

配方　1个15厘米×15厘米、高5厘米的模具

＊准备1张20厘米×20厘米的油纸。

膨松剂面团（见第50页）700克
咸蛋黄（见第359页）10克

馅料　成品约500克

┌ ＊果仁的预处理方法参照第11页。
│ 咸蛋黄90克
│ 橄榄仁（见第357页，需要烘烤）25克
│ 腰果（需要烘烤）25克
│ 开心果（需要烘烤）25克
│ 南瓜籽15克
│ 南杏（杏仁，见第357页，需要煮）15克
│ 糖冬瓜（见第357页）25克
│ 猪油糖（见下方）60克
│ 朗姆酒葡萄干（见第358页）60克
│ 橘皮15克
│ 吉士粉（见第356页）35克
│ 奶粉25克
│ 砂糖65克
│ 糕粉（见第356页）12克
│ 黄油（恢复常温）70克
└ 炒熟的白芝麻15克

【 猪油糖的制作方法 】

先用热水煮猪背部肥肉，然后沥干水分。接着洒上玫瑰酒（玫瑰露酒见第361页），并裹入充足的砂糖。将成品放入冰箱冷藏约一周即可使用。

【 制作馅料 】

1. 用充足的热水煮糖冬瓜至出水波。
2. 将咸蛋黄、橄榄仁、腰果、开心果、南瓜籽、南杏、糖冬瓜、猪油糖、朗姆酒葡萄干和橘皮都切碎。
3. 将吉士粉、奶粉、砂糖、糕粉和黄油倒入搅拌盆中混合，接着混入步骤2的食材和炒熟的白芝麻。

【 加工 】

4. 将馅料分成5等份。
5. 将面团擀成2毫米厚，切出6片15厘米×15厘米的正方形。用叉子在5片面皮的表面戳洞。5片中的1片在步骤6中需要放入模具中，戳洞会好些（图a）。切正方形面皮时余下的面皮留着当装饰用。
6. 将模具放在油纸上，按照下面的顺序依次摆放，先面皮接着⅕的馅料，再到面皮，最后制成的成品有6层面皮和5层馅料（图b～c）。在最上面那一层放没有戳洞的面皮。
7. 取50克步骤5中留下来做装饰的面皮，与10克咸蛋黄混合，做成黄色面皮，然后擀成两条15厘米的长条。
8. 将剩下装饰用的100克面皮（白色）擀成4条长条。在步骤6成品的一边放2条白色面条，接着放黄色面条做装饰（图d）。另一边也做同样装饰。
9. 用大火蒸步骤8的成品约15分钟，蒸好后脱模冷却。将成品切成合适的大小，蒸热便可以提供给客人享用。

a　b

c　d

奶皮奶黄包　　　**奶皮冬蓉包**

奶皮奶黄包

配方　23个

牛奶面团（见第52页）575克
奶黄馅（见第251页）161克
焦糖香蕉 成品约180克
┌ 香蕉去皮180克
├ 砂糖35克
└ 黄油15克
干粉适量

【制作焦糖香蕉】

1. 将香蕉切成1.5厘米宽的圆片。
2. 将砂糖分多次放入平底锅中，用小火加热使它慢慢溶化。当砂糖变成焦糖色后，加入黄油直至融化。然后将香蕉倒入锅里裹糖，裹好后取出放凉。

【加工】

1. 取25克小面团，沾点干粉后放在台面上，用手掌从上往下按出1个直径为4～5厘米的圆形面皮。
2. 将7克奶黄馅和5克焦糖香蕉放在步骤3的面皮上，包成"圆球形"（见第26页）。

※面皮较软，应快速包馅。加热时，面皮较厚的位置容易开裂。

3. 将成品摆放在油纸上，用大火蒸约10分钟。

奶皮冬蓉包

食材　23个

牛奶面团（见第52页）575克
冬蓉馅（见第253页）161克
焦糖香蕉115克

1. 请参照"奶皮奶黄包"的制作方法，将奶黄馅换成冬蓉馅（图a）。

a

苹果马拉糕

◎马拉糕面糊

配方　成品约910克（蒸完约890克）

砂糖185克
黄油（恢复常温）45克
吉士粉（见第356页）20克
牛奶145克
炼乳60克
（混合砂糖、黄油、吉士粉、牛奶和炼乳）

混合砂糖、黄油、吉士粉、牛奶和炼乳
鸡蛋240克

低筋面粉200克
泡打粉18克
小苏打2克
（将低筋面粉、泡打粉和小苏打混合过筛）

碱水½小匙

1. 分多次在砂糖、黄油、吉士粉、牛奶和炼乳的混合物中加入打散的蛋液，使它们充分混合。
2. 将过筛的粉类和碱水倒入步骤1的混合物中，混合均匀后盖上保鲜膜，静置约15分钟。

＊静置好后直接蒸，便可以制出原味马拉糕。

◎专栏

马来西亚风味蛋糕——马拉糕

“马拉”是指马来西亚，“糕”指的是蒸制的块状点心（见第17页）。

传统的马拉糕使用大量充分发酵的老面来制作。先在老面里加入砂糖和鸡蛋一起搅拌，然后发酵一晚，第二天早晨再加入小麦粉、泡打粉和碱水等食材，混合均匀后蒸制而成。

到了20世纪80年代，无论是中国香港还是大陆都不再使用老面，更多是在小麦粉里加入膨松剂——小苏打、泡打粉，以及可以增添点心口感的碱水来制作马拉糕。

配方　3个小蒸笼（内径13厘米、高3.5厘米）

＊准备油纸。

马拉糕面糊860克

焦糖苹果

- 苹果3个
- 黄油20克
- 砂糖80克
- 蜂蜜2大匙
- 朗姆酒50毫升
- 肉桂粉少量

朗姆酒葡萄干（见第358页）80克
糖莲子（见第357页）24个

【制作焦糖苹果】

1. 将一个去皮的苹果纵向切分成6等份，然后去掉苹果核后再横向切半。先在锅里融化黄油，接着放入苹果，用小火慢慢炒。
2. 待苹果炒干水后，加入砂糖炒至苹果表面变成焦糖色。接着加入蜂蜜和朗姆酒，然后倒进搪瓷烤盘中，撒上肉桂粉，放凉。

【加工】

3. 在小蒸笼的底部和侧边都铺上油纸，然后按照下面的顺序依次倒入面糊和其他食材：⅙面糊、⅙焦糖苹果、朗姆酒葡萄干和莲子、⅙的面糊、⅙的焦糖苹果、朗姆酒葡萄干和莲子，最后一层也是等量的面糊（图a）。1个蒸笼里面糊3层，其他食材2层。剩下两个蒸笼做同样操作。

＊制作焦糖苹果时，会将苹果连带焦糖一起加进马拉糕中，这样做成的成品会多一番风味。应及时放入锅中蒸制以避免面糊流出蒸屉。

4. 用大火蒸25～30分钟。
5. 马拉糕蒸好后，将它们分别从蒸笼里拿出，撕开油纸。将马拉糕切成便于享用的大小，若有客人点单，应加热供应。

a

黑芝麻马拉糕

配方：10个杯子蛋糕模（直径4.8厘米、高4.5厘米）

马拉糕面糊（见第79页）250克

黑芝麻2小匙

黑芝麻（三次研磨，见下方）50克

可可力娇酒3大匙

桂花番薯（见右侧）200克

＊掰成小块。

红豆馅50克

松仁（需要煮，见第11页）15克

桂花酱（市面销售品）适量

＊桂花酱（见第362页），应简单冲洗。

黄油适量

【 制作面糊 】

1. 将两小匙芝麻放入锅中慢慢炒香，炒好后放凉备用。
2. 先用搅拌器将少许马拉糕面糊和步骤1中的黑芝麻打成糊。接着拌入剩下的马拉糕面糊、黑芝麻（三次研磨）和可可力娇酒。

【 加工 】

3. 给纸杯刷上黄油。将桂花番薯、红豆馅、黑芝麻面糊和松仁的混合物分别倒入各个纸杯中，约蒸10分钟。马拉糕蒸好后脱模，若有客人点单，加热后在马拉糕的表面点缀上少量桂花酱即可。

【 芝麻：一次研磨、三次研磨 】

一次研磨　　　三次研磨

待炒香的黑芝麻放凉后，放入绞肉机里研磨。
三次研磨后用滤网过滤。

【 桂花番薯的制作方法 】

配方　成品约650克

红薯500克

桂花酱（市面销售品）50克

＊桂花酱（见第362页）。

砂糖100克

水500克

1. 将红薯切成1.5厘米厚的圆片。
2. 用水稍微冲洗一下桂花酱。

＊由于桂花酱本身很咸，所以需要简单冲洗，只需留有一点咸味即可。

3. 在平底锅里铺上红薯片，再加入配方中其余食材，然后盖上锅盖，用小火煮约15分钟。当糖水开始具有黏性，变得黏稠（糖油）时，红薯片就裹上了糖油。

＊可以将红薯切圆片或者切块使用。

▶中文叫作"桂花番薯"。它是江苏的季节点心，主要利用"蜜汁"的手法来制作。

如意蛋卷

配方：5个

＊准备5张油纸（30厘米×40厘米）和纱布。

马拉糕面糊（见第79页）860克

红豆馅1100克

糖水金橘（见第358页）250克

＊泡在适量的君度酒中，放置4～5天。

【制作馅料】

1. 将金橘切成小块，与红豆馅混合，然后分成5等份。
2. 用两片保鲜膜夹住1份步骤1的馅料，然后按压成20厘米×30厘米的长方形。余下4份做同样操作，操作完毕放入冰箱冷冻至凝固。

＊冷冻后的馅料易于使用。

【制作面糊】

3. 将马拉糕面糊分成5等份，倒入铺好油纸的搪瓷烤盘中，用刮板刮平面糊（25厘米×35厘米）。余下4份做同样操作，用大火蒸约5分钟。

【加工】

4. 步骤3的糕体蒸好后，撕掉油纸，将贴油纸的那一面朝下放在纱布上。在要卷起的糕体两端的表面划上浅口。撕掉步骤2中冷冻馅料的其中1片保鲜膜。
5. 将步骤4中糕体的长边横向摆放。将没有保鲜膜的馅料朝下摆放在糕体上，接着撕掉另1片保鲜膜（图a）。将前方（靠身体）和后方的糕体分别卷至中间（图b）。
6. 用保鲜膜包住步骤5的成品，放入冰箱冷藏定型。若有客人点单，切成2厘米宽应供给客人享用。

a   b

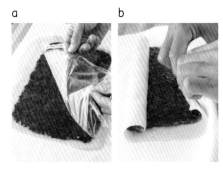

南乳莲蓉油香饼

配方：46个

面团　成品约280克

- 腐乳（见第359页，糊状）18克
- 砂糖45克
- 猪油28克
- 小苏打1.8克
- 泡打粉1.8克
- 鸡蛋15克
- 低筋面粉150克
- 水30克

莲蓉馅138克

白芝麻、蛋白和油分别适量

【制作面团】

1. 将腐乳、砂糖、猪油、小苏打、泡打粉和鸡蛋放入搅拌盆中搅拌，接着筛入低筋面粉，用刮板粗略拌匀。最后分多次加入水，使整体混合均匀。

＊搅拌过程不需要揉面，使用刮板搅拌可以避免麸质的形成。

2. 将面团放进密封袋，放入冰箱冷藏约30分钟。

【加工】

3. 将面团擀成长条，切分成每份6克的小面团，用手将小面团抻成直径为4厘米的碗状面皮（见第20页团子），在面皮上放入搓圆的莲蓉馅（每个3克），包成"圆球形"（见第26页）。

4. 将圆球轻压成圆饼，在圆饼中间位置刷上蛋白，然后沾上白芝麻。

5. 将圆饼摆放在漏网中，同漏网一并放入约170摄氏度的油锅里，然后关火（图a）。待圆饼浮起来，倒入凉油使油温下降。当圆饼周边出现裂痕时，重新把火打开，随着油温逐渐上升，炸至圆饼周围成型即可（图b）。

＊若油锅一直保持低温，圆饼就会散开。在圆饼周围出现裂痕的瞬间提高油温，可以使圆饼定型。

a　　　　b

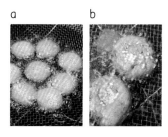

椰香萨其马

◎ 萨其马面团

配方：成品　油炸后约700克

高筋面粉300克
臭粉4克
鸡蛋175克
油适量

1. 将高筋面粉和臭粉倒进搅拌盆中混合，接着加入打散的鸡蛋液，然后一直揉至面团产生麸质为止。将揉好的面团放进密封袋里，放入冰箱冷藏3～4小时。
2. 用压面机将面团压成2.5毫米厚的四方面皮，再切成10厘米长的细条。
3. 将步骤2中的面条分多次放入150～160摄氏度的油锅里，油炸过程中不停地翻面直至炸到透芯为止（图a）。当面条表面上色后，就可以从油锅里捞出，常温下放置一晚。

a

◎ 专栏

像米花糖一样的满族甜点 —— 萨其马

　　"萨其马"是传统的"满洲饽饽"（满洲点心）。一般情况下，萨其马是冬天吃的点心，将大块的糕体切成四方块供应给客人。油炸后的面条沾糖便可以凝固，它的口感就像板栗米花糖一样软，入口即化。

　　萨其马的名字源于满洲话"萨其非"（意思是"切"）和"马拉木壁"（意思是"码"）的缩写。

配方　2个长方形烤盘（14厘米×11厘米、高4.5厘米）

糖浆　成品约340克

┌ 砂糖300克
│ 麦芽饴糖（见第364页）100克
│ 水500克
└ 柠檬汁2小匙

萨其马面团油炸后350克
椰子力娇酒60克
挂霜椰香核桃（见第281页）260克

*切碎。

腰果（需要烘烤，见第11页，切碎）50克
椰子粉（已经预处理，见第356页）30克
炒熟的白芝麻20克
山楂片（见第358页，切碎）60克
菠萝干（切碎）60克
油适量

【制作糖浆】

1. 将砂糖、麦芽饴糖、水和柠檬汁等食材倒入锅中，需时常搅拌，熬到油温升至115摄氏度为止。

*熬煮过程糖浆的浓度变高，若搅拌过度糖浆会变硬，而导致无法使用。多余的糖浆可以放在密封罐里，常温保存，下次使用时再加热即可。

【加工】

2. 在搅拌盆的内侧刷上一层薄薄的油，接着放入萨其马面团，隔水加热。倒入椰子力娇酒混合均匀。
3. 加入步骤1中熬到115摄氏度的糖浆，同时用沾油的刮板搅拌（图b）。最后加入配方中剩余的食材混合均匀。
4. 将成品倒入已经刷了1层薄油的烤盘里，同时用木棒按压，装完后用重物压在上方直至糖浆冷却、所有的食材都凝固到一起。最后切成便于享用的大小。

b

【菠萝干的制作方法】

配方　成品约60克左右

菠萝1/3个
糖水

*用水来煮溶砂糖，在常温下冷却即可。

┌ 水200克
└ 砂糖200克

1. 将削了皮的菠萝切成1毫米厚的圆片。
2. 将去芯的菠萝泡在糖水里约30分钟。
3. 轻轻刮去菠萝表面的糖水，依次摆放在油纸上。
4. 将菠萝随油纸一同放入预热好的加热器或者烤箱中，用60～70摄氏度烘烤5～6小时，使菠萝脱水变干。
5. 趁热从油纸上拿下菠萝，待冷却后连同干燥剂一起放入容器里保存。

朗姆酒萨其马

配方 2个长方形烤盘（14厘米×11厘米、高4.5厘米）

糖浆（见第85页）340克

萨其马面团（见第85页）油炸后350克

朗姆酒60克

朗姆酒葡萄干（见第358页）80克

开心果（需要烘烤，见第11页）60克

＊切碎。

炒熟的白芝麻20克

草莓干（切碎）20克

甜松子（见第278页）100克

油适量

1. 在朗姆酒中加入椰子力娇酒，制作要领与"椰香萨其马"相同。

枣蓉榄仁堆

配方　30个

面团　成品约300克

- 砂糖56克
- 臭粉0.7克
- 吉士粉（见第356页）15克
- 鸡蛋30克
- 水40克
- 低筋面粉150克
- 小苏打2克
- 泡打粉5克　将低筋面粉、小苏打、泡打粉和奶粉混合过筛
- 奶粉19克

馅料　成品约240克

- 枣泥馅115克
- 朗姆酒葡萄干（见第358页，切碎）100克
- 黑芝麻（炒熟磨细）45克

蛋白、橄榄仁（见第357页）、油分别适量

【制作面团】

1. 将砂糖、臭粉、吉士粉、鸡蛋和水倒进搅拌盆中，用手动打蛋器充分搅拌。加入过筛的粉类，粗略混合。

【制作馅料】

2. 混合馅料所需的食材（枣泥馅、朗姆酒葡萄干、黑芝麻、蛋白和橄榄仁），分别捏成8克重的圆球。

【加工】

3. 取10克小面团，用手将面团压成直径为5厘米的圆形面皮，将馅料放在面皮上，包成"圆球形"（见第26页）。

4. 先在手掌上刷点蛋白，然后沾到圆球表面。接着将橄榄仁沾到圆球表面。

5. 将圆球摆放在漏网中，同漏网一并放入150摄氏度的油锅里，关火。待圆球浮起，用小火慢慢油炸的同时不断翻面。待圆球吐出的气泡变小，圆球表面开始上色时提高油温，炸至表皮变脆后就可以出锅了。

※油温过低，圆球会散开；油温过高，圆球还没炸到火候就已经焦了。

第**3**章
酥皮面团——混酥面团和层酥面团

酥皮面团在中国一般都称做"酥皮"。

"酥"代表口感松脆。

用水来揉小麦粉，可以形成网状结构的麸质。

酥皮面团是将油脂加入面团中，油脂会减弱小麦粉蛋白质与水的结合。因此抑制了麸质的形成，加热后可以制成口感松脆的点心。

酥皮面团可以分成两种。

一种是将油脂揉搓入小麦粉中的"混酥面团"，另一种是用水调小麦粉面团包住混有油脂的小麦粉，或者两者叠加一起后再折叠做成的"层酥面团"。

混酥面团除了可以制作像包子一样包住馅料的点心，还可以放入挞模中定型制成点心。

层酥面团，既有与西式花边面团相同，通过折叠、切分、切模定型等操作，合理制作出大量面皮的"岭南层酥面团"（见第97页），也有只为了制作一个点心，折叠一个酥皮面团的传统"中式小型层酥面团"（见第103页）。传统的酥皮面团主要用来制作像"富贵牡丹酥"（见第134页）、"潮州老婆酥饼"（见第136页）、"韭菜酥油饼"（见第137页）等折叠方法或面团搭配都很丰富，从外观、酥层和口感都体现出中国特有手法的点心。

甘露酥皮

曲奇面团

用曲奇面团制成的点心散发着黄油的香味，口感松脆，入口即化。

曲奇面团里加了膨松剂，制成的点心吃起来会沙沙作响。

曲奇面团既可以与核桃、腰果和干果等搭配组合，也可以包入馅料。

用料　成品大约670克

低筋面粉300克

泡打粉7克

猪油95克

黄油（切成小块）75克

砂糖75克

吉士粉（见第356页）37.5克

鸡蛋120克

1

将低筋面粉、泡打粉、猪油和黄油一起倒进搅拌盆中，用刮板将混合物切成稀稀拉拉均匀的小块。

2

用手将混合物搓成粉状。

＊先在小麦粉里加入油脂，抑制麸质的形成。

3

在另外一个搅拌盆中混合砂糖、吉士粉和蛋液，用打蛋器打发至砂糖溶化。打发好后倒入步骤2的混合物。

4

用刮板以切割式搅拌至面团表面粗糙即可。大概混合一下便可将面团拿到台面上。

5

用手掌多次按压面团，再用刮板反复推面团底部向上叠成团，抑制麸质形成的同时使面团得到充分混合。

6

混合均匀后揉成一团，将面团放进密封袋，冷藏1小时以上，使面团松弛。

＊即刻使用。若面团有剩余，用保鲜膜包起冷藏保存。

蛋挞皮

挞面团

挞面团使用了大量的黄油，制出的成品口感比甘露酥皮（见第90页）还要松脆。

挞面团或者酥皮面团常被使用，也称做"拿酥皮"。

制作过程会产生一定麸质，面团会有韧劲，常被当作"模具和器皿"来使用。

面团含油脂量大，若温度过高便难以操作。因此我们一般会将面团冷藏至紧致后再操作。

用料　成品大约650克

黄油（切成小块并恢复常温）200克

奶粉15克

砂糖70克

鸡蛋60克

吉士粉（见第356页）15克

低筋面粉320克

干粉适量

1

将切成小块的黄油、奶粉、砂糖、鸡蛋和吉士粉倒入搅拌盆中，用手动打蛋器搅拌至充分混合。

2

分多次往步骤1中倒入低筋面粉，每一次都用刮板混合均匀。

3

用刮板以切割式搅拌至面团表面粗糙即可。

＊鸡蛋和油脂发生乳化反应后加入小麦粉，避免鸡蛋的水分和面粉直接接触而形成麸质。

4

将面团拿到台面上，用手掌反复按压至面团表面光滑没有裂痕。将面团放进密封袋，冷藏1小时以上，使面团松弛。

铺到模具中

5

将面团铺在沾了干粉的模具里，用沾了干粉的左拇指按压中间部分。

6

一边顺时针慢慢转动模具，一边用拇指指尖将面皮压向模具底部边缘。应压实至面皮底部出现模具轮廓。

7

转动模具的同时让面皮紧贴模具侧边，最后面皮高出模具4～5毫米。

8

用双手拇指和食指捏住高出模具的面皮边缘，往里调整形状。

＊若不立刻使用，就用保鲜膜包起来冷藏保存。

派酥皮

西式层酥面团

受西点影响的层酥面团，口感松脆、轻盈，入口即化。

也称做"雪酥皮"。

成品折叠有多层，且每一层清晰可见，因此也称做"千层酥"。

用料　成品大约1100克

＊准备20厘米×25厘米的搪瓷烤盘和相同尺寸的油纸。

油酥

- 黄油210克

  ＊切成小块，恢复常温。

- 猪油210克
- 低筋面粉50克

水油皮

- 低筋面粉190克 ┐
- 高筋面粉190克 │
- 砂糖20克　　　├ 将低筋面粉、高筋面粉、
- 泡打粉3克　　┘ 砂糖和泡打粉混合过筛
- 油酥60克
- 吉士粉（见第356页）20克
- 鸡蛋90克
- 水150克
- 盐7克
- 干粉适量

◎专栏

> ### 什么是"水油皮"和"油酥"？
>
> 　　说起派酥皮（西式层酥面团），"水油皮"相当于包裹黄油的面皮，而"油酥"相当于黄油。基本上，水油皮是由小麦粉和水一起揉成的面皮，油酥是由小麦粉和猪油一起揉制而成。油酥虽没有黄油的香味，但它的软硬度适合在常温下折叠，便于使用。水油皮和油酥的软硬度相同，用它们制作的点心比西洋点心柔软。

| 制作油酥

 **1**

 **2**

| 制作水油皮

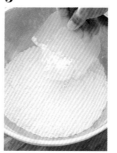 **3**

 **4**

1 将油酥配方中所有的食材都倒进搅拌盆中，用刮板不断切割混合物至混合均匀。留下60克，其余的全部倒进铺好油纸的搪瓷烤盘中。

2 用刮板将步骤1的面糊刮匀，然后在台面上震动烤盘，将面糊里的气泡震出去，面糊表面变平整。放入冰箱冷藏1小时，使面糊凝固。

3 将过筛的粉类倒入搅拌盆中，加入步骤1中留下的60克油酥，用刮板搅拌混合，这样操作易于与步骤2的油酥混合。

4 将吉士粉、鸡蛋、水和盐倒入另外一个搅拌盆中，搅拌至溶化后加入到步骤3中，然后用切割方式搅拌。

 **5**

 **6**

| 折叠

 **7**

 **8**

5 水分和粉类应充分混合，以避免麸质的形成。搅拌好后将面团拿到台面上，揉成一团。

6 在面团的表面切十字，这样的操作使面团的中心部分可以快速变凉，且易于擀开面团。然后将面团放进密封袋，放入冰箱冷藏30～40分钟，使面团松弛。

7 从步骤6水油皮的十字切口处展开面团，用擀面杖将它擀成20厘米×25厘米的长方形，接着放在步骤2的油酥上面。

8 用手将面团按压均匀，避免空气进入。

＊操作完毕后，若油酥没有完全凝固，需冷藏30～40分钟使其紧致。

◎ 2号面团

若使用剩余面团

已成形的面团若有剩余，作为2号面团只能再使用一次。使用时，将面团的层次朝一个方向折叠后再擀开。

折叠

9

将刮板插入搪瓷烤盘和面团间，翻面后放在撒了干粉的台面上（水油皮朝下）。撕下油纸。

10

将面团的长边横向摆放，用擀面杖敲打，使油酥和水油皮的软硬度均匀。

11

接着将面团长边纵向，将它擀成25厘米×50厘米大小后对折。折叠后，水油皮在外侧，酥油在里侧。

12

用手指捏住步骤11折线以外的三条边封口，油酥被包在里面。

＊应紧紧封住封口，以避免空气进入。

13

将面团旋转90度，让折线边转到侧边去，然后将面团擀成25厘米×75厘米的大小。用刷子扫掉余粉，折成三折。

14

重复步骤13的操作（再一次折成三折），放进密封袋后，放入冰箱冷藏30～40分钟，使面团松弛。

15

重复步骤13的操作（第三次折成三折），将面团转90度，擀成25厘米×80厘米的大小。提起两端的面团向中间折叠，中间部分用擀面杖按压。

16

再一次对折面皮，这样变成了4份（25厘米×20厘米）。放进密封袋后，放入冰箱冷藏30分钟以上，使面团松弛，最后将面皮分成3等份。也可以冷冻保存。

岭南酥皮

岭南层酥面团

岭南酥皮是大型层酥面团。

面团的切法和包法发生变化，可以让成品呈现出多样的层次来。

虽然也会用来制作通过切分面皮或者用模具定型的点心，但更多用在制作卷成卷状的点心。

岭南指的是中国南方五岭以南地区，广东、广西一带。

用料　两条36厘米的长条（一条约290克）

水油皮　成品大约350克

┌ 低筋面粉35克
│ 高筋面粉150克
│ 砂糖25克
│ 水125克
└ 猪油45克

油酥　成品约300克

＊以下使用其中的230克。

┌ 低筋面粉200克
└ 猪油100克

干粉适量

制作水油皮

1

将低筋面粉、高筋面粉和砂糖等倒入搅拌盆中，然后再倒入配方中约²⁄₃的水搅拌均匀。

2

分多次加入剩余的水并揉成团。待水和面粉混合均匀后，将面团拿到台面上，通过反复摔打面团来揉面。

3

扯开面团会出现还不够完美的膜。膜很厚，且无光泽。

4
分多次加入猪油后，与面包面团相同，通过在台面上摔打面团来揉面。

5
将面团揉至表面富有光泽。加入油脂后，面团可以抻到很薄，且富有光泽。将面团装进密封袋，放入冰箱冷藏30～40分钟，使面团松弛。

制作油酥

6
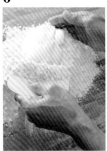
将低筋面粉和猪油放在台面上混合，用刮板刮面粉的同时用手掌按压。

7

揉成团后，反复擦至光滑。

＊油酥要在常温下使用。如果需要长期保存，应放入冰箱冷藏。

折叠（按个）

8

用手掌推开175克水油皮，在上面装入115克油酥，包成"圆球形"（见第26页），包的过程要注意避免空气进入。包好后，将封口朝下放置。

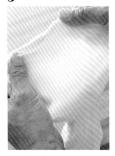

9

在台面上撒些干粉，用擀面杖将面团擀成25厘米×40厘米（纵向）的面皮，从前（靠身体）往里折成三折。将面皮旋转90度，再次擀成27厘米×36厘米的长方形。

10

将面皮的长边横向摆放。用刷子刷掉面皮上多余的干粉，然后喷水打湿面皮表面。

11

先将面皮前后两端的边缘擀薄，然后从前（靠身体）开始往里卷起面皮。

12

卷成卷后，轻轻滚动调整形状，用保鲜膜包住放入冰箱冷藏约30分钟。

＊若不即刻使用，则放冰箱冷藏储存。

◎ 要点

水油皮和油酥的比例以及软硬度

【水油酥皮】【岭南酥皮】

水油皮和油酥的比例大概是3∶2，会根据点心不同而稍作调整。

【油酥的软硬度】

酥皮面团的特点是水调面团和油脂的软硬度是一致的。猪油一冷却就即刻凝固，常温下它是奶油状的。猪油适于折叠的温度范围很小，属于不易于使用的油脂类。油酥则是在猪油里加入小麦粉后，变成易于使用的物质。基本上油酥的配方里，低筋面粉和猪油的比例是2∶1，和水调面团的软硬度一致。

中式酥层的包法

酥皮面团通过不同的切法和包法，呈现出不同的酥层。

加热岭南酥皮（见第97页）和水油酥皮（见第103页）时，油酥部分会融化。较常用的方法是，将切下的酥层切面朝外，然后包裹馅料油炸，受热后油酥部分融化，折叠的酥层会清晰地浮现在表面。

这里介绍的是，使用第99页的"岭南酥皮"步骤12中卷成卷的面团如何包出酥层的方法。下图的点心全都是油炸物。

◎ 纵向酥层

【纵向切分卷成卷的面团，包裹馅料时酥层朝外，油炸制成点心】

圆柱形
草帽形

1 先将面团切成2厘米长的小面团，接着将小面团从中间竖切两半。切面可以看到酥层。

2 将可以看到酥层的切面朝上放置，用手掌压扁。

3 将压扁的面皮翻面，用擀面杖擀成边长约为5厘米的正方形。酥层朝下，将面皮的边缘擀薄，以便于封口。

4 将步骤3盛放面料的面皮对折、封口。

5 封口朝下，稍微调整一下形状。封口一定要紧实，以免油炸时开口了，有些点心需要在面皮上沾水或者刷蛋白来封口。

◎呈旋涡状的酥层

【将卷成卷的面团切成圆片来包馅】

锁边饺
锁边圆形

1
将卷好的面团切成约5毫米宽的圆片，正向摆放（上下面为旋涡状酥层）。从上往下稍微斜擦开圆片。

2
用擀面杖擀出2片直径为6～7厘米的圆形面皮（见第21页A）。在面皮上（擀面杖擀的那面朝里）盛放馅料，参照"锁边圆形"（见第30页）来包馅。

锁边粉果
锁边眉形

1
同左侧"锁边圆形"的要领相同，用擀面杖擀开面团。在面皮上盛放馅料，然后对折。

2
参照"锁边圆形"（见第30页）的包法，将封口折成绳子的形状。

光头包
圆球形

1
同左侧"锁边圆形"的要领相同，用擀面杖擀开面团，在面皮上盛放馅料，包成"圆球形"（见第26页）。

酥皮面团的加热方法

　　"岭南酥皮"（见第97页）、"水油酥皮"（见第103页）等中式酥皮面团，都是用水油皮包住油酥后折叠制成（见第95页【专栏】）。在猪油中加入小麦粉使油酥变得易于使用。酥皮饼的口感轻盈酥脆，容易掉渣。因此会采用高温去粉（末），使酥层之间的粉末脱落出来等有特色的加热方法。下面使用油炸的方法即是中式酥皮面团的加热方法。

油炸
【用一锅油】
适于易碎的食物

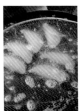

1 当油温达到165摄氏度时，将点心放在漏网上，一并放入锅中。随即降低油温，让点心的表面定型（生馅需降低油温，熟馅则应提高油温）。

2 让油温逐渐上升。当酥皮饼浮起来后，表面容易碎掉，需要一边用勺子淋油一边油炸。当酥层打开，油锅中出现碎渣时，提高油温炸至通透。

烤箱烘烤
【少油】
烘烤具有煎制的特点，适于大批量制作

1 将点心依次摆放在烤盘上，淋上150～160摄氏度的热油，用烤箱烘烤。

2 烤好后，打开烤箱门，将烤盘微微倾斜去油。

煎制
【少油】
煎至点心底部变成金黄色，增添一番香味

1 将点心放入平底锅中，倒入约达到点心高度⅓处的油量，无需翻面，边煎边炸。煎至一半，也可以将平底锅放入烤箱烘烤。

▶使用少油的"烤箱烘烤"和"煎制"烹饪出的点心，可以通过添加香葱、香菜等食材来增添食物的香气。

◎要点

加热点心

将油炸的点心摆放在铺了纸巾的烤盘上，接着放进烤箱，在烤箱门保持敞开的状态下用低温烘烤去油。根据需求更换纸巾。

水油酥皮

中式小型层酥面团

水油酥皮是中国传统的酥皮面团。

制作一个酥皮饼，需要折叠一个小的酥皮面团。

主要用来制作讲究技巧的点心。

包法以及酥层的切面能让点心展现出多样风貌。

将水油酥皮做成大型层酥面团即"岭南酥皮"（见第97页）。

配方　约20个

水油皮　成品约350克　　　　油酥　成品约300克

＊以下使用其中的300克。　　＊以下使用其中的240克。

┌ 低筋面粉35克　　　　　　┌ 低筋面粉200克
│ 高筋面粉150克　　　　　└ 猪油100克
│ 砂糖25克
│ 水125克
└ 猪油45克

|折叠

1

参照"岭南酥皮"的步骤1—7（见第98页）制作水油皮和油酥。

2

将油酥切成每份12克，水油皮用剪刀剪成每份15克。将油酥揉圆，然后放到被手掌按大一圈的水油皮上。

3

用水油皮裹住油酥包成"圆球形"（见第26页）。

4

将圆球的封口朝下放置在台面上，接着将它滚成稻草包的形状。

5

将稻草包的长边纵向摆放后轻轻压扁，接着用擀面杖擀成约5厘米、长约12厘米的面皮。

6

将步骤5的面皮从远端向身体方向卷起。

7

卷完后封口朝上，用手指按住中间的封口直至黏紧。

8

用左手掌在面团右侧的²⁄₃处轻轻按压。

9

沿着按下去的痕迹将左边⅓的面团朝右侧折叠。

10

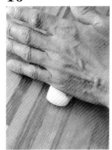

图片是步骤9折叠后的模样。用手的侧边沿着被折叠部分（步骤9中左边⅓的面团）的边缘往下按。

11

沿着步骤10按下去的痕迹朝右折叠，这样就折成了三折。

12

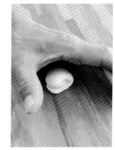

用左手手掌轻轻按压面团使它固定。将面团折叠后的收口转过来朝上放置，然后擀成所需大小，包入馅料即可。

莲蓉甘露酥

配方 34个

曲奇面团（见第90页）340克
莲蓉馅238克
橄榄仁（需要煮，见第11页及357页）34个
蛋液（见第11页）适量
糖浆（见第11页）适量

1. 将莲蓉馅分成每份7克，然后依次揉圆。

2. 将面团擀成长条，切分成每份为10克的小面团，再用手将小面团抻成碗状面皮（见第20页，团子），将莲蓉馅盛放在面皮上，包成"圆球形"（见第26页）。

3. 用双手的掌心将圆球调整成枣子的形状，然后依次摆放在烤盘中，用毛刷给它们的表面刷上蛋液，然后放入冰箱冷藏。待表面的蛋液变干，再刷一层蛋液。

4. 将橄榄仁点缀到步骤3的成品上，然后放进预热好的烤箱中，用上火200摄氏度、下火180摄氏度烘烤15～20分钟。出炉后趁热抹上糖浆。

果仁酥饼

配方　32个

＊烘烤果仁的方法参照第11页。

曲奇面团（见第90页）335克

无花果（半干）2个（60克）

朗姆酒2大匙

腰果（需要烘烤）20克

南杏（需要烘烤）7克

＊杏仁（见第357页）。

开心果（需要烘烤）15克

糖莲子（见第357页）10个

甜核桃（见第278页）30克

混合干果35克

＊菠萝、葡萄干、木瓜、苹果、杧果和杏子等。

1. 将无花果切成7毫米的方块，放进朗姆酒中泡制一晚。
2. 用刀面将所有果仁（腰果、南杏和开心果）、糖莲子和甜核桃拍碎。
3. 将所有的食材混合一起，拌入分成小块的曲奇面团。混合均匀后将面团分成两等份，擀成24厘米长的长条，用保鲜膜包住放入冰箱冷藏，使面团松弛。
4. 从冷藏室取出步骤3中的面团，去掉保鲜膜，从头开始依次切出直径1.5厘米的小圆饼，依次摆放在烤盘上，再放入冰箱冷藏。
5. 将烤盘放进预热好的烤箱中，用180摄氏度的温度烘烤20～25分钟。

＊因底部容易烤焦，所以请放双层烤盘烤制。

五仁甘露酥

配方　30个月饼模具（内部尺寸4.5厘米×4.3厘米、高2.3厘米）

曲奇面团（见第90页）180克

五仁馅（见第269页）450克

1. 将面团擀成长条，切分成每份为6克的小面团，再用手将小面团捅成碗状面皮
   （见第20页，团子），将12克馅料盛放在面皮上，包成"圆球形"。
2. 将圆球放入月饼的模具中定型（见第148页"月饼的成形和烤制"的步骤3—5），
   放进冰箱冷藏，让面团紧致。
3. 放进预热好的烤箱中，用上火230摄氏度、下火180摄氏度烘烤15～17分钟。

叉烧甘露批

配方　36个派盘（直径4.5厘米）

曲奇面团（见第90页）288克
叉烧馅（见第248页）432克
黑胡椒粒（切碎）4克

1. 将黑胡椒粒混入叉烧馅中。
2. 将面团擀成长条后，切分成每份为8克的小面团，再用手将小面团搓成直径为6厘米的碗状面皮（见第20页，团子），将12克馅料盛放在面皮上，包成"圆球形"（见第26页）。
3. 将圆球放入派盘中，按压成圆盘形，放入冰箱冷藏，让面团紧致。
4. 将模具依次摆放在烤盘中，放进预热好的烤箱中，用上火230摄氏度、下火180摄氏度烘烤10～15分钟，出炉后脱模即可。

香麻栗子酥

配方　26个

曲奇面团（见第90页）260克

馅料　成品约410克

＊以下使用其中的390克。

- 天津板栗（去壳）150克
- 甜核桃（见第278页）60克
- 奶黄馅（见第251页）200克

蛋液（见第11页）适量

【制作馅料】

1. 将⅓的天津板栗切碎，再将剩余的板栗1个分为4等份。用刀拍碎甜核桃。将板栗和核桃一起放入搅拌盆中。

2. 将奶黄馅拌入步骤1中（图a），然后分成每份15克。

【加工】

3. 取10克小面团，用手抻成碗状面皮（见第20页，团子），将馅料盛放在面皮上，包成"圆球形"（见第26页）。将圆球压扁，用手指在中间戳下一个凹陷。将成品依次摆放在烤盘上，在成品表面刷上蛋液，放入冰箱冷藏至蛋液变干，再刷一次蛋液。

4. 将步骤3的成品放入预热好的烤箱中，用上火230摄氏度、下火200摄氏度烘烤12～15分钟。

a

岭南果王派

配方　12个派盘（上径6.5厘米、下径5厘米、高2厘米）

＊准备一个无底圆形切模（直径6厘米）。抹点干粉到派盘上，并抖掉多余的粉末。

挞面团（见第92页）480克

冬蓉馅（见第253页）60克

岭南果王馅（见第272页）540克

蛋液（见第11页）适量

糖浆（见第11页）适量

4. 给成品表面刷上蛋液，放入冰箱冷藏至蛋液变干，再刷一次蛋液，用滚轮刀在表面滚出格子形状（图d）。依次摆放在烤盘上，放入预热好的烤箱中，用200摄氏度烘烤约20分钟。

5. 脱模后趁热在成品表面刷上糖浆。

1. 用擀面杖将面团擀成38厘米×25厘米的面皮。用切模切出24片小面皮，然后用手掌把小面皮按大1圈。

2. 将12片面皮分别沿着派盘铺上去（见第93页，步骤6—8），然后放入冰箱冷藏。

3. 在步骤2的蛋挞皮上分别放入5克冬蓉馅、45克岭南果王馅（图a～b），给派盘边缘的面皮刷上蛋液，将剩余的面皮分别覆盖住每份馅料，与派盘边缘的面皮重叠。用小刀把超出派盘的面皮刮掉（图c）。

＊考虑到烘烤时，岭南果王馅中的木瓜会回缩下沉，盛装馅料的高度应高于派盘。

酥皮蛋挞

配方 26个挞模（口径5厘米）

＊抹点干粉到挞模上，并抖掉多余的粉末。

挞面团（见第92页）312克

蛋挞挞水 成品约520克

┌ 砂糖160克
│ 水240克
│ 蛋黄120克
└ 无糖炼乳1小匙

1. 将面团擀成长条后，切分成每份为12克的小面团，依次铺进挞模中（见第93页），然后放进冰箱冷藏。

【 制作蛋挞挞水后加工 】

2. 将砂糖和水倒入锅中，熬煮成糖浆后放凉。将蛋黄、制好的糖浆和无糖炼乳放入搅拌盆中，混合均匀后过滤制成蛋挞挞水。

3. 将蛋挞挞水分别倒入步骤1的挞模中（图a），每个挞模中倒入20克（约达模具高度的80%）。

4. 将步骤3的成品依次摆放在烤盘上，放入预热好的烤箱中，用上火190摄氏度、下火200摄氏度烘烤15分钟（图b）。烘烤过程中蛋挞挞水会膨发，当敲挞模的边缘时，蛋挞表层的中间位置会出现轻微晃动，便可以将温度调低20%。

5. 从烤箱中取出蛋挞，用铝箔烤模罩住蛋挞，通过余温让蛋挞继续加热（图c）。

＊蛋挞挞水加热会膨发。

6. 趁热脱模。

▶虽然葡式蛋挞很流行，但是酥皮和鸡蛋布丁组合制成的港式蛋挞也有很高的人气。

a   b   c

酥皮椰丝挞

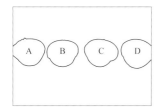

配方　每种分别24个挞模（口径4厘米）

※抹点干粉到挞模上，并抖掉多余的粉末。

A 奶黄馅焦糖香蕉挞

蛋挞皮（见第92页）168克
奶黄馅（见第251页）72克
焦糖香蕉（见第77页）48块
椰子挞水（见下方）120克
椰子粉（已经预处理，见第356页）适量

B 椰奶焦糖苹果挞

蛋挞皮168克
椰奶馅（见第252页）72克
焦糖苹果（见第79页）24块
椰子挞水120克
椰子粉（已经预处理，见第356页）适量

C 马拉糕焦糖苹果挞

蛋挞皮168克
椰奶馅72克
焦糖苹果24块
马拉糕面团（见第79页）120克
糖粉适量

D 马拉糕焦糖香蕉挞

蛋挞皮168克
奶黄馅72克
焦糖香蕉48块
椰子粉（已经预处理）2⅔大匙
马拉糕面糊120克
糖粉适量

椰子挞水　成品约280克
┌ 黄油30克
│ 糖粉25克
│ 鸡蛋（打散）160克
│ 吉士粉（见第356页）2克
│ 低筋面粉25克
│ 泡打粉3克
│ 玉米淀粉5克
└ 椰子粉（已经预处理）30克

【 制作椰子挞水 】

1. 将黄油和糖粉放入搅拌盆中，用打蛋器打发至白色的奶油状。然后加入鸡蛋和吉士粉充分混合后，再加入低筋面粉、泡打粉和玉米淀粉等食材一起混合均匀，最后倒入椰子粉大致搅拌一下。

【 制作A～D 四种挞 】

2. 用擀面杖将A～D的蛋挞皮分别擀成长条，然后切分成每份为7克的小面团，将蛋挞皮沿着挞模铺上去（见第93页），放入冰箱冷藏。

3. 在每个挞模中放入所需食材、挞水和馅料。
A挞模中放入3克奶黄馅、2块焦糖香蕉和5克椰子挞水，然后在表面撒上一些椰子粉。
B挞模中放入3克椰奶馅、1块焦糖香蕉和5克椰子挞水（图a），然后在表面撒上一些椰子粉。
C挞模中放入3克椰奶馅、1块焦糖苹果和5克马拉糕面糊（图b）。
D挞模中放入3克奶黄馅、2块焦糖香蕉和⅓小匙椰子粉和5克马拉糕面糊。

4. 将步骤3依次摆放在烤盘上，放入预热好的烤箱中，用上火190摄氏度、下火210摄氏度烘烤约15分钟。出炉后趁热脱模，给C和D撒上糖粉。

a

b

岭南凤梨批

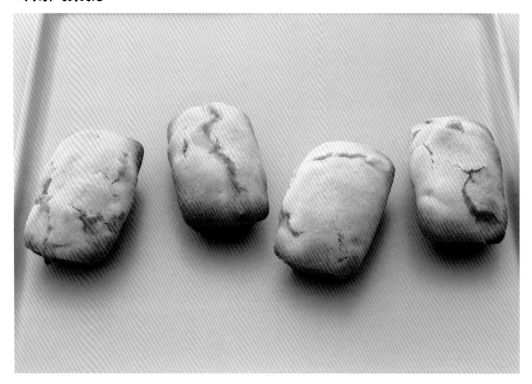

配方　30个挞模（2.5厘米×5厘米、高1厘米）

＊抹点面粉到挞模上，并抖掉多余的粉末。

蛋挞皮（见第92页）240克

菠萝馅（见第254页）360克

1. 将面团擀成长条，然后切分成每份为8克的小面团，用手将小面团抻成碗状面皮（见第20页，团子），在面皮上盛放12克馅料包成"圆球形"（见第26页）。
2. 将圆球的封口朝下放入挞模中，按压成形。
3. 将挞模依次摆放在烤盘上，放进预热好的烤箱中，用上火230摄氏度、下火200摄氏度烘烤约18分钟。出炉后趁热脱模即可。

番薯酥

配方 40个

面团 成品约260克

＊以下使用其中的240克。

黄油（恢复常温）55克
砂糖55克
鸡蛋27克
吉士粉（见第356页）5克
无糖炼乳8克
低筋面粉112.5克
泡打粉1.5克
番薯馅（见第269页）480克
蛋白、芝麻、干粉分别适量

＊黑芝麻和白芝麻以1:8的比例混合。

【制作面团】

1. 将黄油和砂糖放进搅拌盆中，用打蛋器打发至发白。将鸡蛋、吉士粉和无糖炼乳搅拌溶化，然后倒入黄油中，搅拌均匀后，混合物看起来是光滑的。

2. 将低筋面粉和泡打粉混合过筛，倒进步骤1的混合物中，用刮板以切割式搅拌至粉类和液体粗略混合。

3. 从搅拌盆中取出面团，放到撒了干粉的台面上，用手掌反复按压折叠，最后揉成团。将面团放进密封袋里，放入冰箱冷藏约1小时，使面团松弛。

【加工】

4. 将面团切分成每份为6克的小面团，馅料分成每个12克。用手将小面团捏成碗状面皮（见第20页，团子），在面皮上盛放馅料，包成"圆球形"（见第26页）。

5. 将步骤4中的圆球封口朝下放置，表面刷上蛋白液、撒上芝麻，放入冰箱冷藏至紧致。

6. 将圆球依次摆放在烤盘上，放进预热的烤箱中，上火230摄氏度、下火180摄氏度烘烤约15分钟。

＊底部容易烤焦，应放双层烤盘烤制。

▶番薯产自南美洲，它与玉米和花生一样是在明朝才传入中国的、相对比较新的食材。

核桃酥

配方　10个

面团　成品约180克

＊以下使用其中的100克。

┌ 砂糖56克
│ 马铃薯淀粉19克
│ 低筋面粉56克
│ 可可粉1.5克
│ 鸡蛋15克
│ 小苏打0.5克
│ 蛋挞皮（见第92页）17克
└ 核桃酥馅（见第272页）150克

1. 制作面团。将砂糖、马铃薯淀粉、低筋面粉、可可粉、鸡蛋和小苏打混合一起，然后再加入蛋挞皮一起混合。
2. 将面团切分成每个为10克的小面团，馅料分为每个15克。
3. 用手将小面团抷成碗状面皮（见第20页，团子），在面皮上装入馅料，包成"圆球形"（见第26页）。
4. 用小号的酥皮剪沿着球形的中间剪一圈，让中间部位鼓起来。将刮板放在鼓起部分的中间，划一圈形成核桃中间的凹线（图a）。
5. 接着用酥皮剪像图b一样夹出褶皱，制出核桃的形状。
6. 将成品依次摆放在烤盘上，放在预热好的烤箱中，用180摄氏度烘烤约10分钟。

a　　　　　　　b

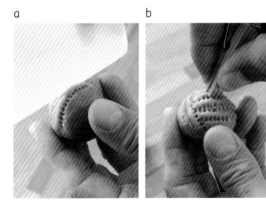

香煎葱油饼

配方　14个

面团　成品约700克

_┌ 水油皮　成品约600克

　┌ 低筋面粉220克 _┐ 将低筋面粉和高筋面粉
　│ 高筋面粉110克 [┘] 混合过筛
　│ 热水60克
　│ 凉水200克
　└ 猪油10克

_└ 油酥　成品约100克

　┌ 低筋面粉65克
　└ 猪油35克

香煎葱油饼馅（见第260页）399克

干粉、油分别适量

【制作面团】

1. 将25克过筛后的面粉放进搅拌盆中，倒入热水，用擀面杖搅拌。混合均匀以后，用手擦至光滑。

2. 将剩下的305克面粉倒进另外一个搅拌盆中，倒入凉水，搅拌至充分混合。混合好后拿到台面上，加入步骤1的混合物和猪油，用捽打的方式揉面，制成水油皮。

3. 在步骤2的水油皮表面刷上适量油，然后装进密封袋里，放进冰箱冷藏30～40分钟，使水油皮松弛。

4. 制作油酥。将油酥配方中的低筋面粉和猪油揉搓到一起。

5. 将水油皮拿到台面上，与油酥混合，在台面上擦揉。混合均匀即可。

【加工】

6. 将混合好的面团切分成7等份的小面团，每份100克，在台面上撒点干粉，将小面团擀成20厘米×25厘米的面皮。将面皮的长边纵向摆放，在面皮上摊开57克馅料。接着从前端（靠身体）开始卷起，卷成长条，将长条纵向切成两半（图a）。

7. 将步骤6中1条面条的长边横向摆放，接着抓起前（靠身体）后两端的面皮朝中间靠拢并封口（图b）。让封口朝外，从一端开始朝里卷成旋涡形，末端塞进封口里面去（图c）。步骤6中另1条面条也做同样操作，全部成形后放入冰箱冷藏定型。

＊卷面条时在旋涡的中间留出一个洞，以便烘烤得更通透。

8. 在平底锅中倒入香煎葱油饼高度一半的油。当油锅热到160摄氏度时，放入香煎葱油饼，用低火或中火慢慢煎。当一面颜色煎至金黄时，翻到另一半继续煎，煎好的成品口感酥脆。

▶香煎葱油饼是广东点心师傅改良了北方的葱油饼而制成的点心。

a

b

c

葡汁鸭梨鸡酥

配方　12个

※准备直径为3厘米的花边切模。

西式层酥面团（见第94页）约360克

鸡腿肉（预先调味）120克

※用 "XO酱滑子鸡" 1/5（鸡肉）的调味料预先调味（见第
351页步骤1—2）。

鸭梨去皮去芯120克

培根（切薄）40克

咖喱蟹肉馅（见第266页）240克

面包粉、蛋液（见第11页）分别适量

1. 将面团擀成24厘米×40厘米的面皮，放入冰箱冷藏约30分钟，
   使面皮松弛。

2. 取出面皮，将长边横向摆放，从短边的那侧切下6.5厘米宽的面
   皮，用直径3厘米的花边切模切出12片小面皮。将剩下的面皮
   （24.5厘米×33.5厘米）切分为纵向3等份、横向4等份。

3. 将鸡腿肉切成1厘米大，梨切成一块约10克，培根切成1厘米宽。

4. 将咖喱蟹肉馅和步骤3的培根混到一起。

5. 将步骤2四边形面皮的四个角擀薄，依次摆放到烤盘上，在面
   皮中间撒上面包粉，装上步骤4的馅料20克、步骤3的鸡肉10
   克和一块梨。在面皮的四个角刷上蛋液，然后拎起四个角包住
   馅料，让四个角重叠到一起封口即可。

6. 在步骤5的顶端刷上蛋液，将步骤2切下的小面皮帖到步骤5的
   顶端上，然后在整个成品的表面再刷一次蛋液，放入冰箱冷藏
   定型。

7. 待蛋液变干后再刷一次蛋液，放入预热好的烤箱中，用上火
   230摄氏度、下火180摄氏度烘烤20～25分钟。

▶ "葡汁"指的是葡萄牙风味的酱汁。咖喱粉是通过受葡萄牙文化
影响的中国澳门传进内地美食界的。

咸蛋奶黄苹果酥

配方　20个

＊准备花边椭圆形切模（长径为6.5厘米、短径为5.5厘米），以及小一圈的同款切模。

西式层酥面团（见第94页）约360克
咸蛋奶黄馅（见第251页）200克
焦糖苹果（见第79页）切20块
蛋液（见第11页）适量
糖粉适量

1. 将面团擀成25厘米×36厘米的面皮，放入冰箱冷藏约30分钟。用大的切模依次切出椭圆形面皮。
2. 稍微擀一下步骤1中切出的面皮，在它的前半部分刷上蛋液，然后装上10克咸蛋奶黄馅和1块焦糖苹果。

3. 将步骤2的面皮对折、覆盖住馅料（图a）。接着用小切模往下按压，使成品紧贴在模具上（图b）。成形后依次摆放在烤盘上，表面刷上蛋液，放入冰箱冷藏至蛋液变干，再刷一次蛋液，然后用水果刀在表面划出4～5条切口。

＊划切口既可以做装饰面用，还能防止因蒸汽挥发而导致表面开裂。划切口的深度约划至馅料中苹果的位置那么深。

4. 将成品放入预热好的烤箱中，用200摄氏度烘烤约15分钟。当表皮的烤色变漂亮时，从烤箱中取出，在表面撒上糖粉。再次放入烤箱中，用上火为高火的温度烘烤约5分钟至表面富有光泽即可。

a　　　　b

桂花番茄虾酥

配方 15个

※准备直径分别为7厘米和3.5厘米的花边切模，以及小一圈的切模。

西式层酥面团（见第94页）约730克

馅料 成品约600，以下使用其中的300克

- 番茄（热水去皮，切成2厘米大的方块）180克
  大蒜（切碎）19克
  虾米（见第358页，切碎）19克
  【调味料】
  豆瓣酱（见第362页）9克
  虾酱（已经预处理，见第362页）15克
  番茄酱59克
  砂糖25克
- 辣椒油9克

烧卖馅（见第243页）300克

面包粉适量

鹌鹑蛋15个

蛋液（见第11页）适量

油适量

【制作馅料】

1. 在锅里倒入2大匙油、大蒜和虾米炒香，然后加入调味料中的豆瓣酱、虾酱、番茄酱和砂糖等继续炒。最后将番茄倒入锅中大概翻炒下（不需要炒烂番茄），与调味料炒匀即可以盛出，拌入辣椒油（图a）。

2. 放凉后混入烧卖馅中（图b）。

【加工】

3. 将面团擀开，分成2片25厘米×26厘米的面皮，放入冰箱冷藏约30分钟，使面团松弛。用直径7厘米的切模切出30片小面皮，然后将它们依次翻面。取其中一半，用直径3.5厘米的切模从中间切出一个圆洞来。

4. 用擀面杖稍微擀一下步骤3中没有切出圆洞的面皮，在表面刷上蛋液，中间撒上面包粉后盛放20克馅料。

5. 用有圆洞的面皮从上盖下去，按压面皮边缘（图c）。拿起比直径7厘米的切模小一圈的模具，用力往下按（图d）。

6. 成形后依次摆放在烤盘上，表面刷上蛋液，放入冰箱冷藏至蛋液变干，再刷一层蛋液。

7. 放入预热好的烤箱中，用上火230摄氏度、下火200摄氏度烘烤约15分钟。

8. 从烤箱中取出来，在中间的圆洞处放入鹌鹑蛋（图e），再烘烤约5分钟。

※大约烘烤至蛋黄半熟、蛋白稍微变白即可。

五彩皮蛋酥

配方　23个的份量

西式层酥面团（2号面团，见第94页）370克
皮蛋酥馅（见第273页）
┌ 基础馅料345克
└ 皮蛋切成23块
蛋液（见第11页）适量
糖粉适量

1. 将面团擀成25厘米×26厘米的大小，放入冰箱中冷藏30分钟，待面皮松弛后取出，切成23片边长为5.5厘米、宽为5厘米的菱形。
2. 用15克基础馅料包住1块皮蛋，揉成圆形（图a）。
3. 稍微擀薄步骤1的面皮边缘，以菱形锐角朝身体方向为准摆放面皮，前半部分面皮的边缘刷上蛋液。在面皮中间盛放步骤2的馅料，然后对折（图b），用刮板按压面皮周边封口。

4. 封口后将成品依次摆放到烤盘上，表面刷上蛋液，放入冰箱冷藏至蛋液变干，再刷一次蛋液。在表皮上划2～3道切口。※划切口既可以做装饰用，又可以防止烘烤时因蒸汽挥发而开裂
5. 在预热好的烤箱中，用200摄氏度烘烤约15分钟。当烤色变漂亮时取出，在表面撒上糖粉后，再次放入烤箱，用上火为高火的温度烘烤约5分钟至饼皮表面富有光泽。

▶有着玫瑰酒醇香的酥皮饼，是广东人喜爱的点心。

a　　　　　　　　b

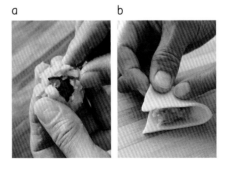

椰堆酥

配方　35个

※准备直径为4.5厘米的圆形切模。

西式层酥面团（2号面团，见第94页）370克

椰蓉馅（见第252页）350克

蛋液（见第11页）适量

糖粉适量

椰子粉（已经预处理，见第356页）适量

开心果（需要烘烤，见第11页）适量

※切碎

1. 将面团擀成25厘米×26厘米的大小，放入冰箱中冷藏30分钟，使面皮松弛。然后用直径为4.5厘米的切模依次切出小面皮。

2. 稍微擀薄面皮的边缘，在面皮上盛放10克馅料，包成"圆球形"（见第26页）。

3. 将圆球封口朝下依次摆放在烤盘上，表面刷上蛋液，放入冰箱冷藏至蛋液变干，再刷一次蛋液。

4. 用牙签在每个圆球上戳个孔排气。放入预热好的烤箱中，用200摄氏度烘烤约15分钟。当烤色变漂亮时取出，在表面撒上糖粉后，再次放入烤箱，用上火为高火的温度烘烤约5分钟至饼皮表面富有光泽。在酥饼表面点缀上椰子粉和开心果。

奶黄椰丝酥

配方　36个的份量

西式层酥面团（2号面团，见第94页）370克

馅料　成品约300克

> 奶黄馅（见第251页）200克
> 吉士粉（见第356页）4克
> 无糖炼乳40克
> 椰子粉（已经预处理，见第356页）60克

砂糖适量

椰子粉（已经预处理）10克

蛋液（见第11页）适量

【制作馅料】

1. 将馅料配方中的食材（奶黄馅、吉士粉、无糖炼乳和椰子粉）混到一起。

2. 将步骤1的馅料分成2等份，分别将它们放到保鲜膜上，再用一片保鲜膜盖住。用擀面杖将馅料擀成15厘米×30厘米的长方形，放入冰箱冷藏定型。

【加工】

3. 将面团擀成30厘米×30厘米的面皮，切分成2片与馅料相同的尺寸。放入冰箱冷藏约30分钟。

4. 将1片面皮的长边横向摆放，用擀面杖将两条长边的边缘擀至5～7毫米厚。

5. 将糖粉撒到步骤4的面皮上。将撕下一边保鲜膜的馅料放到面皮上，与面皮吻合后（图a），再撕掉另一片保鲜膜。在馅料表面撒上椰子粉（图b）。

※若需要大量加工，便在成品表面刷一层油，放入预热好的烤箱中烘烤（见第102页）。

6. 从最前端（靠近身体）开始卷，卷至收尾处时给收尾边刷上蛋液（图c）。轻轻滚动调整好形状后，用保鲜膜包住，放入冰箱冷藏定型。同样方法，继续制作另一个卷。

7. 从冰箱中取出步骤6的成品，去掉保鲜膜。每8毫米横切一次，第一个8毫米切下⅔深，第二个8毫米全部分离（图d）。从第一个切口处打开面团，打开后从中间捏住两边（图e），铺上保鲜膜，然后用手掌按平，最后稍微调整一下形状。其余的做同样操作。

8. 将成品依次摆放在烤盘上，放入冰箱冷藏约30分钟，使面团松弛。

9. 最后放入预热好的烤箱中，用180摄氏度烘烤15分钟后盖上铝箔，再烘烤15分钟。

a　b　c

d　e

上海风味黄桥酥饼

配方　20个曲奇模具（5.5厘米×3.5厘米、高1.5厘米）

岭南层酥面团（岭南酥皮）（见第97页）
1条36厘米长的面条290克
黄桥酥饼馅（见第260页）300克
葱绿、油分别适量

1. 将面团切分成20等份小面团（约1.8厘米宽）后，切口朝上放置。接着用手掌斜着推开小面团，然后用擀面杖擀成直径为7厘米的圆形面皮，在面皮上盛放15克馅料，包成"圆球形"（见第101页）。

2. 将圆球封口朝下放到模具中，应调整填满模具（图a）。

3. 在平底锅中倒入油并加热到165摄氏度后，加入葱绿，分别煎步骤2的成品（带模）（见第102页"煎制"）。油温逐渐上升，一边淋油一边煎至一面金黄后，翻面继续煎至金黄。

＊若需要大量加工，便在成品表面刷一层油，放入预热好的烤箱中烘烤（见第102页）。

▶黄桥酥饼原本是江苏省泰兴县黄桥镇出品的点心。据说是上海的点心厨师将发酵面团换成层酥面团，加工做成现在的造型。

a

萝卜酥

配方　20个的份量

岭南层酥面团（岭南酥皮）（见第97页）

1条36厘米长的面条290克

萝卜酥馅（见第268页）300克

蛋白适量

白芝麻适量

油适量

1. 将面团切分成20等份小面团（约1.8厘米宽）后，切口朝上放置。接着用手掌斜着推开小面团，然后用擀面杖擀成直径为7厘米的圆形面皮，在面皮上盛放15克馅料，包成"锁边眉形"（见第101页）。
2. 在成品封口的尖角处刷上蛋白，沾上白芝麻。
3. 油炸步骤2的成品（见第102页"油炸"）。

葱香叉烧酥

材料　20个

中式小型层酥面团（水油酥皮）（见第103页）

- 水油皮300克
- 油酥240克
- ＊分别制作水油皮和油酥（见第104页步骤1）。

叉烧馅（见第248页）300克

葱绿、油分别适量

1. 用15克水油皮裹住12克馅料，折成20个酥皮面团（见第104—105页步骤2—12）。

2. 用擀面杖将面团分别擀成直径为7厘米的圆形面皮（见第21页A），在面皮上盛放15克叉烧馅，包成"鸟笼形"（见第24页）。

3. 平底锅底部倒满油，加热到165摄氏度后，加入葱绿，然后将成品封口朝下摆放，慢慢煎制（见第102页"煎制"），随着油温逐渐上升中途翻面一次，使两面都变成金黄色。

＊若需要大量加工，便在成品表面刷一层油，放入预热好的烤箱中烘烤（见第102页）。

湘莲窝烧酥

材料　36个

岭南层酥面团（岭南酥皮）
1条36厘米长的面条290克

【水油皮】成品约175克
　　低筋面粉17克
　　高筋面粉75克
　　砂糖12克
　　水62克
　　猪油22克
　　食用色素（黄色）适量

【油酥】成品约120克
　　低筋面粉80克
　　猪油40克
　　肉桂粉0.5克

馅料　成品约540克

＊混合以下食材。

　　莲蓉馅400克
　　朗姆酒葡萄干（见第358页，切半）60克
　　天津板栗（切碎）80克

蛋白、白芝麻、油分别适量

1. 参照"岭南层酥面团（岭南酥皮）"（见第97页）的制作方法，制作出1条36厘米长的面条。水油皮和油酥分别揉好后，再加入水油皮的色素和油酥的肉桂粉。

2. 将面团横切成直径为2厘米的圆片，然后再纵向切半。将切半后的切面朝上放置，用手掌压扁后翻面，用擀面杖擀成边长为4厘米的正方形面皮（见第100页"草帽形"步骤2—3）。

3. 在面皮上盛放15克馅料，包成"圆球形"（见第26页），在圆球的封口处刷上蛋白，然后沾上白芝麻，最后调整成枣子的形状。

4. 油炸步骤3中的成品（见第102页"油炸"）。

＊若需要大量加工，便在成品表面刷一层油，放入预热好的烤箱中烘烤（见第102页）。

▶湘指的是湖南省。以精通美食而出名的清朝文人袁枚称赞"湘莲（湖南的莲子）胜于福建省的建莲"。

富贵牡丹酥

配方　10个

- 中式小型层酥面团（水油酥皮，见第103页）
  水油皮200克
  油酥100克
  ＊分别制作水油皮和油酥（见第104页步骤1）。
- 食用色素（红色、黄色）分别适量
  莲蓉馅150克
  油适量

1. 将水油皮分成2等份，分别加入红色和黄色色素，然后揉匀。揉好后切分成每份为10克的小面团，每种颜色分别有10个。

＊水油皮混入红色食用色素后变成粉色。

2. 将油酥分为每份5克，然后揉圆，共有20个。

3. 在粉色和黄色水油皮里分别裹入油酥，然后折成酥皮面团（见第104—105页步骤2—12）。

4. 将小面团擀成边长约为6厘米的正方形面皮，然后将黄色面皮叠放在粉色面皮上方。

＊粉色和黄色面皮折叠后收口都要朝上放置。

5. 在面皮上盛放15克莲蓉馅，包成"圆球形"（见第26页）。

6. 包完扯下多余的面皮，调整形状。将圆球封口朝下摆放在烤盘上，盖上保鲜膜放入冰箱冷藏定型。

7. 将剃刀紧挨在步骤6的表面，像跷跷板一样前后摆动，切出3条延长线，要切至球形的一半深为止（图a）。

8. 将步骤7隔开间隔摆放在漏网的底部，然后一起放入120～130摄氏度的油锅中油炸。

9. 当切开部分的酥层就像一片片花瓣一样开始绽开时，一边油炸一边从油锅里舀出油来淋在酥皮饼上（图b）。花瓣绽开后，慢慢提高油温（图c），待定型后即可离开油锅。

▶牡丹被称为花王。另外，改变花瓣的数量和颜色还可以制成兰花（兰花酥）和荷花（荷花酥）。

a

b

c

潮州老婆酥饼

材料 28个

中式小型层酥面团（水油酥皮）

【水油皮】

＊以下使用其中的280克。

低筋面粉135克

热水85克

猪油85克

打散的鸡蛋½小匙

【油酥】

＊以下使用其中的224克。

低筋面粉120克

猪油105克

馅料 成品约336克

＊将以下食材混合放入挤花袋中，分别挤出每份12克。

冬蓉馅（见第253页）290克

奶黄馅（见第251页）50克

蛋液（见第11页）适量

【制作面团】

1. 制作水油皮。将低筋面粉倒入搅拌盆中，接着加入热水，先用擀面杖迅速搅拌，再用手揉面。分多次加入猪油，每次都要揉匀，然后盖上保鲜膜。待面团变凉，加入打散的鸡蛋，制成水油皮。

2. 制作油酥。将材料倒入搅拌盆中，充分揉搓，制成油酥。

3. 将水油皮分为每份20克，油酥分为每份16克，用水油皮裹住油酥，包成稻草包的形状（见第104页的步骤2—4）。

4. 将步骤3中的成品的长边纵向摆放，用擀面杖擀成纵长15厘米、横宽5厘米的椭圆形后折成三折。接着将面皮旋转90度，再次擀成纵长15厘米、横宽5厘米的椭圆形，然后从边缘开始卷起。同样的操作共做14份，再从中间一切为二，变成28份小面团。

5. 将步骤4的小面团截面朝向一致摆好，用手掌按压成四边薄中间厚的正方形，边长约5厘米。

【加工】

6. 将馅料盛放在可以见到面团卷口的那一侧，然后轻轻按压馅料包成"圆球形"（见第26页）。

7. 在圆球表面刷上蛋液，放入冰箱冷藏至蛋液变干，再涂一层蛋液。放入预热好的烤箱中，用上火250摄氏度、下火180摄氏度烘烤6～7分钟即可。

韭菜酥油饼

配方 30个

中式小型层酥面团（水油酥皮）

【水油皮】 成品约560克

＊以下只使用其中的450克。

砂糖90克

吉士粉（见第356页）20克

猪油2大匙

水130克

低筋面粉300克 ｜将低筋面粉和泡打粉
泡打粉10克 ｜混合过筛

【油酥】（见第104页）60克

韭菜酥油饼馅（见第258页）450克

油适量

【制作面团】

1. 制作水油皮。将砂糖、吉士粉、猪油和水等食材放入搅拌盆中，充分混合。接着倒入过筛的粉类揉成团，制成水油皮。

2. 将水油皮分成每份为15克的小面皮。在每份面皮的切口处放2克油酥后，将面皮对折。用擀面杖将它擀成12厘米长的椭圆形，参照"中式小型层酥面团（水油酥皮）"步骤6—12（见第104页）来折叠面皮。

3. 将面皮折叠后的收口朝上，用擀面杖将它擀成边长为6厘米的正方形。

【加工】

4. 在每片面皮上盛放15克馅料，包成"鸟笼形"（见第24页）。包好后稍微按压调整外形。

5. 在平底锅里倒入少许油，在锅中依次摆放步骤4的成品，再放入预热好的烤箱中，用180摄氏度烘烤8分钟。中途需要翻面一次。

＊由于油炸过程面皮会松散致表面开口，所以选用烤箱烘烤。

第**4**章
其他面团

除了膨发面团和酥皮面团，中国的点心还有许多其他丰富多彩的面团。

小麦粉面团里有使用凉水和面制成水饺，有使用热水和面制成煎饺，有使用温水和面制成"小笼包面团"（见第144页）等。

另外，使用小麦粉和糖浆制成的"月饼面团"（见第146页）也是中国特有的面团。

当然，小麦粉以外的面团种类也有很多。

在广东和香港经常使用澄粉制成的面团。

我还想让大家注意到，同样是澄粉面团，搭配不同制成的点心也会有所不同，如口感松软、面皮透明的"虾饺面团"（见第150页），或小麦粉和膨松剂制作的、油炸后有嚼劲的"炸饺面团"（见第156页）等。

除此之外，知名的油炸团子是使用糯米粉面团，以萝卜糕为代表的"糕品"（见第160页）等，还有其他各种通过蒸芋头制成的"芋角面团"（见第162页），以蔬菜为基础做成的面团，全都是中国特有的面团。

从使用小麦粉以外的材料制成面团，我们可以领会到中国点心的发展特点。

水饺皮

水饺面团

水饺面团是用水和面。它的特点是面粉遇水形成麸质，具有黏性、弹性和伸展性，易于操作成形。

制成的成品适于煮这种烹饪方法，口感富有嚼劲。

另外，还可以把面皮擀薄，然后卷起用油煎或炸。

配方 成品约300克

低筋面粉150克 ⎤ 将低筋面粉和高筋面粉
高筋面粉50克 ⎦ 混合过筛
盐⅓小匙
水100克

1

将过筛的粉类和盐放入搅拌盆中，接着倒入80克水，搅拌均匀。最后倒入剩余的水，将混合物揉成团。

2

将面团拿到台面上，用掌根推开面团的方法充分揉面，促进麸质的形成。

3

将揉好的大面团（表面还是凹凸不平、不光滑的状态）放入密封袋中，常温下静置约15分钟，使面团松弛。

4

15分钟后取出面团，继续揉至光滑后放入密封袋中，常温下再次静置约15分钟，使面团松弛（图片是静置后松弛的面团）。

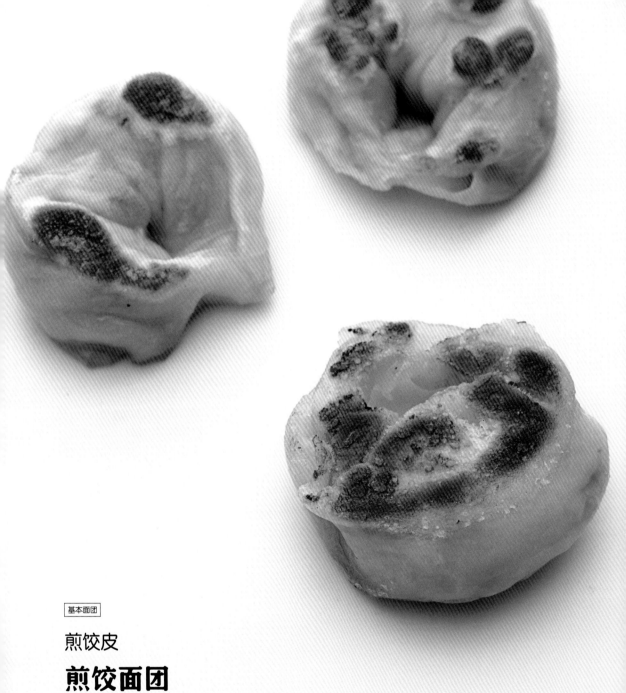

煎饺皮

煎饺面团

煎饺面团使用热水和面，制成的面皮口感松软。

主要用于制作易成形、需要施加工艺的点心，由于用热水和面抑制了麸质的形成，

所以难以将面皮擀到极薄。

适于蒸、烤。

配方　成品约450克

低筋面粉300克

盐2克

热水160克

葱油（见第365页）12克

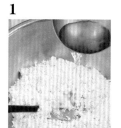

1

将低筋面粉和盐倒入搅拌盆中，然后放入锅中隔水加热。把搅拌盆从热水锅中拿出来，一口气倒入配方中滚烫的热水，用擀面杖快速搅拌。

2

面粉与水充分混合后，用劲揉成一团，拿出放到台面上。将葱油倒在面团上揉匀。

3

加大劲用掌根推开面团的方法充分揉面。揉成团，放入密封袋中，常温下静置约15分钟。

4

15分钟后取出面团，继续揉至光滑后放入密封袋中，常温下再次静置约15分钟。面粉和水充分混合，易于使用。

小麦粉＋热水煎饺面团

小笼包皮

小笼包面团

小笼包面团使用温水和面制成。

调整了麸质形成和淀粉糊化的比例，制成的面皮有着适中的黏性和弹性。

面皮的口感也很好，里面还可以包有汤汁。

面皮的成形性很好，易于使用。

配方　成品约300克

低筋面粉50克 ⎤ 将低筋面粉和高筋面粉
高筋面粉150克 ⎦ 混合过筛

砂糖10克

盐2克

温水（60摄氏度）110克

1

将过筛的粉类、砂糖和盐一起倒入搅拌盆中，放入锅中隔水加热至温即可。

2

混合物变温后，从锅里拿出搅拌盆，倒入60摄氏度的温水，用擀面杖快速搅拌。

3

面粉与水充分混合后，用手揉至整个面团温度均匀，最后揉成一团。

4

将面团拿到台面上，用掌根推开面团的方法充分揉面。

5

揉成团（如图），放入密封袋中，常温下静置约15分钟。

6

15分钟后取出面团，继续揉至光滑后放入密封袋中，常温下再次静置约15分钟后再使用（图片是静置中的面团）。

◎专栏

兼具有用热水和凉水来制作面团的优点

有很多面皮是可以装汤汁的。哪一种点心用哪一种面皮，从搭配上可以充分体现出点心师傅的想法和他们的嗜好。

本书介绍的是在小麦粉中倒入60摄氏度温水和面。小麦粉的淀粉接触温水后，发生了糊化作用。在揉面的过程中，糊化后温热的面团中的水分与热度，转到了还未接触到温水的小麦粉中，根据这个原理来制作面团。在这个过程中，形成了麸质。麸质的形成和淀粉糊化的比例非常重要，糊化程度会影响到面皮的松软度和口感，麸质的形成会增加面皮的光滑度、适中的黏性和弹性，还有伸展性。

可以说小笼包面皮有两种类型。一种是具有麸质伸展性、面皮很薄的中国台湾面皮，另外一种是利用大量水分发生糊化和发酵原理制成的又厚又软的中国大陆面皮。

月饼皮

月饼面团

月饼的面团有很多种，其中常用的是酥皮面团（见第195页【专栏】）。

这里讲的月饼面团是揉入浓缩糖浆，制成正宗、大众的广式月饼面皮。

在小麦粉里加入浓缩糖浆、吉士粉和碱水等食材制成面皮，有一股醇香。

配方 成品约500克

低筋面粉250克
吉士粉（见第356页）20克 ┐ 低筋面粉和吉士粉
浓缩糖浆（见第148页）175克 └ 混合过筛
花生油62克
碱水1～2滴
面粉适量

1

将浓缩糖浆、花生油和碱水
倒入搅拌盆中混合。

＊碱水过量会导致混合物变黑。

2

将过筛的粉类倒在台面上，
中间留出一个空位，把步骤
1的混合物倒在空位中，让
粉类与糖浆一点点混合。

3

在台面上用擦面的方法充分
揉面。揉至光滑后揉成一团
放入密封袋中，常温下静置
一个晚上。

4

休眠中的面团变得松弛，表面
增加了光泽，颜色也变深。图
片右边是休眠过后的面团。

◎要点

面团的保存

可以放在冰箱冷藏4～5天。虽然刚揉
好的面团是柔软的，但由于加了糖浆，所以
冷藏后会变硬。使用之前，先让面团恢复室
温，或者揉至易于使用的软度。

碱水的用量和面团的加工

碱水用量过少会导致面团变得略硬，也
难以烤出焦黄的颜色，烤好后乳白色的面
皮侧面会出现上色不均匀的现象。严重的
情况下局部会出现皱褶，底部会出现小洞。
另一方面，碱水用量过多，烤好的面皮颜色
会变黑，容易烧焦，制好的成品容易发霉和
变质。

【 制作浓缩糖浆 】

配方　成品约780克

砂糖300克
热水900克
黄冰糖（见第364页：捣碎）300克
白梅干½个
柠檬¼个

1. 锅里倒入砂糖，开火加热至砂糖微焦。加入热水和柠檬，撇出浮沫，一直熬煮到约剩下一半的量。待糖浆具有黏性后用筛网过滤，放凉后保存。
2. 冷却后就像蜂蜜的浓稠度即可。刚做好不能立即使用，需要静置约半个月。

▶关于浓缩糖浆

　　浓缩糖浆也称为"糖浆""糖胶"，它对月饼的颜色和香味以及储存都有很大的影响。若砂糖烤焦，月饼的颜色则会变深，且会散发出香味来。虽然使用梅干和柠檬，是从它们有防腐作用这个特性出发的，但其实它们的酸性还可以将蔗糖转变为转化糖。转化糖在烘烤时容易上色，且吸湿性高，用于制作月饼时烘烤出的月饼皮颜色漂亮。如果点心保存在较潮湿的地方，砂糖也难以结晶。另外，还可以用黄金糖浆来替代浓缩糖浆。

黄金糖浆　代替浓缩糖浆来使用

　　黄金糖浆是用甘蔗和甜菜制作砂糖时作为副产品而获取的褐色蜜糖。它含有丰富的矿物质，有着不同于蜂蜜和枫糖浆的甘甜味。在香港，除了用于制作月饼，还会添加到"马拉糕"（见第78页）等糕点中或"冰花鸡蛋球"等中式油炸点心中。

成形

模具的准备工作：在月饼的模具里撒一点面粉，接着用手把整个模具都抹上薄薄一层面粉后，将模具翻过来抖落多余的粉末。

1

将面团擀成面皮（见第23页，月饼），在面皮上装馅。用左手把月饼皮往上聚拢的同时一点点地逆时针旋转，逐渐缩小收口。

2

同时用右手的拇指尖按压面皮周围的馅料，将馅料包起来，最后捏住收口封口。

3

在步骤2成品的周围沾点面粉，将收口朝上放入沾了面粉的模具中。双手手掌用力按压成形。

◎要点

> 关于烘烤
>
> - 需要刷一层薄薄的蛋液，否则面皮膨发会导致面皮表面的文字和图形看不清楚。另外，烘烤过后放置2～3天，还会给月饼添加一番风味，饼皮也会变软。
> - 烤色要均匀，最佳色泽为表面是杏黄色，周边是象牙般的乳白色。成品最佳状态为表面没有斑点和气泡，表皮松软富有光泽和月饼模样鲜明。

蒸汽烤箱烘烤

4

用模具的周边敲打台面上铺好的毛巾，让月饼顺利脱模。

用210摄氏度烘烤约3分钟，表皮开始上色后在月饼表面刷上薄薄一层蛋液。继续烘烤约1分钟，再刷一层蛋液，转为180摄氏度烘烤6～8分钟。

5

脱模后，用毛刷扫掉月饼表面的粉末，放入冰箱冷藏约10分钟。

烤箱烘烤

1. 用上火230摄氏度、下火200摄氏度烘烤月饼约6分钟，在月饼表面刷上薄薄一层蛋液。继续烘烤约2分钟，再刷一层蛋液。
2. 将上下火都调为180摄氏度，叠放双层烤盘，烘烤10～14分钟。

月饼的模具

　　月饼的模具有很多代表满月的圆形模具，形状和大小不一。模具中雕刻有以馅命名如"五仁（五种果仁）"二字，还有"嫦娥奔月（女神嫦娥奔向月亮的意思）"等借以表达文雅、吉祥（吉利）的模型。

虾饺皮

虾饺面团

澄粉面团是广东点心的代表，它是用热水和面，蒸后会变得晶莹剔透。面皮柔软，没有黏性，口感很好。

仅使用澄粉难以成团，所以要加入马铃薯淀粉来增强澄粉的黏性和透明度。

加入大量马铃薯淀粉后虽然会便于使用，包好的食物外皮也不容易开裂，但是会削减澄粉的香气。

配方　成品约570克

澄粉200克
马铃薯淀粉34克
热水340克

1 将澄粉和马铃薯淀粉倒入搅拌盆中，放入锅里隔水加热至温热。把搅拌盆从锅里拿出来，一口气倒入配方中所有滚烫的热水。

2 倒入热水后，用擀面杖快速搅拌。

3 当粉类和热水混合得稀稀拉拉时，将搅拌盆倒扣在台面上，焖约30秒。

4 将面团拿到台面上。用掌根以推面的方法充分揉面，揉至没有多余的面疙瘩。

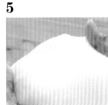

5 揉面过程使淀粉得到充分糊化，揉好的面团充满弹性，扯开它也不会破。

6 最后揉成一团。

＊将面团放入密封袋中趁热使用，否则变凉后将会难以使用。

◎失败的案例　　　◎成功的案例

温度过低	糊化顺利

将淀粉隔水加热至温热后，若没有使用滚烫的热水搅拌，淀粉就不会得到充分糊化，这样面皮将失去弹性且容易撕破。加热后也没有Q弹的口感。	淀粉得到充分糊化的面团，擀到很薄也会有很大的弹性。

潮州蒸粉果皮

潮州蒸饺面团

马铃薯淀粉的用量大致等于或略多于澄粉的用量，另外加水量也比粉类多了约两倍，通过这样的配方比例制成的面团具有柔软、黏性和透明度高的特点，成为一种独特的澄粉面团。

餐厅会在水调面团里加入热水，这样操作容易保持固定的温度。

配方　成品约500克

澄粉95克
马铃薯淀粉75克
盐1克
砂糖10克
水110克
热水225克
澄粉20克

1

将75克澄粉和水全部倒入搅拌盆中搅拌。

2

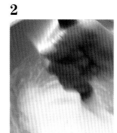

将滚烫的热水倒入步骤1后，用擀面杖快速搅拌。若无法出现如图片中的黏性，最好放入锅里隔水加热。

3

继续倒入20克澄粉，混合均匀后将面团拿到台面上，揉成一团。

4

揉好的面团有着独特的弹性。

＊将面团放入密封袋中趁热使用，否则变凉后将会难以使用。

基本面团

韭菜饼皮

韭菜包面团

　　韭菜包面团为了增强虾饺皮（虾饺面团，见第150页）的黏性，配方里加了使用糯米粉制作的、富有黏性的糕粉。

　　加了糕粉制成的面皮，生煎后外皮口感变脆、内皮口感柔软。

配方　成品约350克

澄粉150克

马铃薯淀粉5克

糕粉（见第356页）3克

热水200克

1

将澄粉和糕粉全部倒入搅拌盆后放进锅里，隔水加热至温热。把搅拌盆从锅里拿出来，一口气倒入配方中所有滚烫的热水，用擀面杖快速搅拌。

2

当粉类和热水混合得稀稀拉拉时，将搅拌盆倒扣在台面上，焖约30秒。

3

将面团拿到台面上，用掌根将面团推开又卷回来，反复操作至面团混合均匀，没有面疙瘩。

4

揉好。

※将面团放入密封袋中趁热使用，否则变凉后将会难以使用。

煎粉果皮

炸饺面团

纯澄粉面皮油炸后会变硬，难以食用，若分别加入澄粉一半重量的糯米粉和小麦粉，就能制出柔软且口感很香的面皮来。

另外，加入膨胀剂臭粉可以使面皮的口感变得松脆、适口。

配方　成品约350克

澄粉75克

糯米粉（台湾产，见第356页）37.5克

低筋面粉37.5克

吉士粉（见第356页）5克

水150克

盐1.5克

砂糖19克

臭粉2.7克

猪油37.5克

1

在带把手的锅中倒入水和猪油，开火。

2

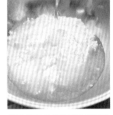

将澄粉和吉士粉倒入搅拌盆中，放入锅里隔水加热。待粉类变温后，一口气倒入步骤1中滚烫的混合物。

3

用擀面杖快速搅拌均匀，然后把面团拿到台面上。

4

用掌根推开面团的方法揉面，揉至没有多余的面疙瘩。

＊将揉好的面团放入密封袋，以免面团变干。

◎要点

保存
放入冰箱冷藏保存。使用前，将面团揉至易于使用的软度。

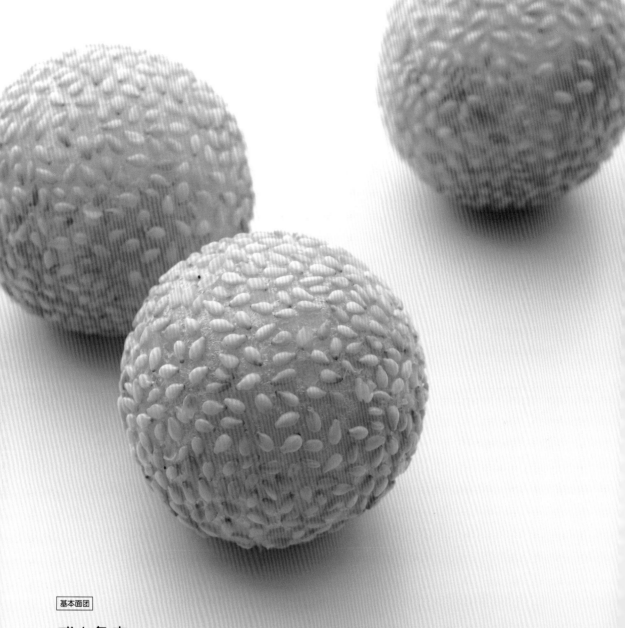

咸水角皮

咸水角面团

油炸团子，还有人们熟知的糯米面团都是膨发面团。

淀粉发生糊化而结成膜的面团，是利用空气膨胀，油脂和面团里含有的水分变成水蒸气的原理来膨发的。

淀粉的种类和糊化的状态不同都会导致膨发的程度不同。

油炸时，面皮表面变得薄脆；蒸时，面皮表面光滑且出现光泽，口感松软。

配方　成品约440克

糯米粉150克
砂糖70克
水110克
澄粉30克
热水45克
猪油35克

1

将糯米粉、砂糖放入搅拌盆中，分多次加入配方中的水后混合均匀。

2

将面团揉至糯米粉没有疙瘩。

3

澄粉和热水混合，参照"虾饺面团"步骤1—4（见第151页）制作面团，然后将面团加入到步骤2中，揉至均匀。

4

揉好后拿到台面上，加入猪油继续揉匀。

5

用掌根推开面团的方法揉至没有面疙瘩。

＊面团含有很多油脂，不需要再撒面粉揉面。

6

揉成一团。放入密封袋中，以免面团变干。可以冷藏保存3～4天，冷冻可以长期保存，使用前需将面团揉至易于使用的软度。

基本面团

糕品

糕品

　　以前，将米粉与水的混合物倒入模具中，蒸熟制成的点心称作"糕品"，如今的糕品还包含有由米粉以外的粉类制成的点心。

　　现在，以米粉为糕品的代表面粉，更多用来制作正月吃的"年糕"，以及在本书中介绍的"萝卜糕""芋头糕"（见第223页）等大众化的传统点心。

腊味萝卜糕

配方　2个长方形烤盘（14厘米×11厘米、高4.5厘米）的份量

※准备2片吸油纸（14厘米×11厘米）

腊肠（已经预处理，见第359页）40克

叉烧（见第248页）40克

萝卜（切丝）600克

虾米（需要泡发，见第358页）45克

油30克

绍兴酒1大匙

二汤（见第364页）360克

粘米粉130克

澄粉20克

玉米淀粉20克

马铃薯淀粉20克

盐6克

砂糖20克

芝麻油6克

胡椒少量

水200克

香菇（需要泡发，见第359页）60克

炒白芝麻1大匙

油适量

【供给时】

　马铃薯淀粉、油分别适量

【餐桌上的调味料】

┌ 辣椒酱（见第362页）适量

└ 芥末、生抽分别适量

1

将腊肠竖切分为两半，再切薄片。叉烧肉切成7毫米厚的薄片。虾米切成丁。

2

将粘米粉和胡椒倒入到搅拌盆中，加水溶解搅拌。接着加入泡发的香菇。

3

萝卜水煮后沥水晾干。在锅里倒入30克油，油锅热后放腊肠、叉烧肉和虾米进去炒。最后依次加萝卜、绍兴酒和二汤。

4

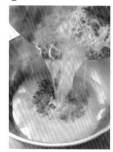

将沸开的步骤3的混合物一口气倒入步骤2的搅拌盆中。

5

用擀面杖快速搅拌，接着混入炒芝麻。

6

达到图片中的黏度即可。若糊状还可以流动，就放到锅中隔水加热至浓稠。

7

在方模里铺上吸油纸，倒入面糊，刮平面糊表面，蒸60分钟。蒸好后，严实地包上保鲜膜，冷却后放入冰箱冷藏一晚。

| 供给时

从冰箱取出脱模，切成便于食用的大小，在萝卜糕表面撒点马铃薯淀粉。在平底锅中倒入少许油，煎萝卜糕的两面。煎好后盛到器皿里，配上餐桌上的调味料享用。

芋角皮

芋角面团

使用蔬菜制作的面团。

广西产的荔浦芋、红薯和南瓜的用途很广。

使用的都是常见的食材，制成的点心大多都简单质朴。

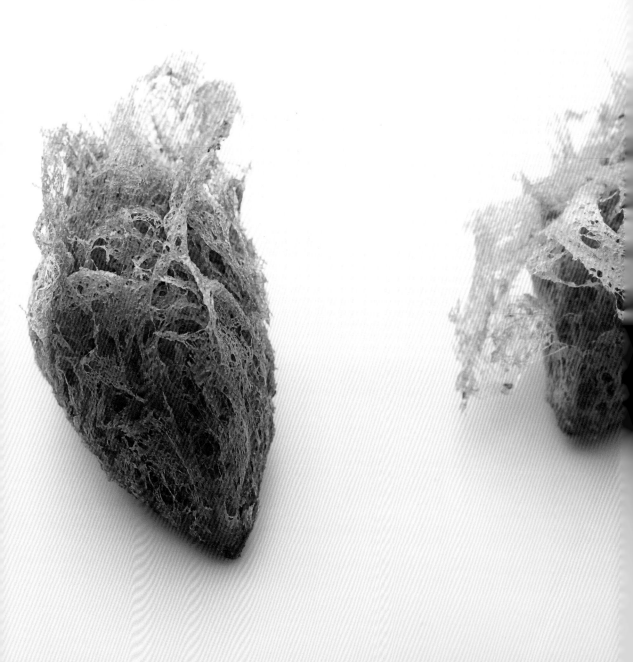

配方　成品约430克

芋头100克
山药100克

＊薯类分别150克（步骤1中过滤时的重量）
　也是可以的。另外，若是芋头的水分不足，
　可以添加适量的水。

砂糖10克
臭粉1.5克
盐2克

澄粉80克
马铃薯淀粉6克
热水120克
猪油65克
五香粉0.5克

◎要点

给面团增添香味

使用五香粉制作的点心，在步骤5时再添加到面团里即可。另外，碱水点心会使用五香粉，而甜点则会用杏仁粉替代五香粉。

1

先将芋头和山药切成1厘米宽的圆片，然后用大火蒸后去皮。芋头和山药趁热过滤，然后分别取75克，加砂糖、臭粉和盐进去搅拌。

2

待调味料溶解后，将整体充分揉匀。

3

澄粉、马铃薯淀粉和配方中沸开的热水按照"虾饺面团"的步骤1—4（见第151页）做同样操作。操作完毕后，倒入步骤2的混合物中，充分揉匀。

4

将面团拿到操作台上，加入猪油，进一步揉匀。

＊由于面团含有的油脂较多，因此无需使用干面粉。

5

添加五香粉继续揉搓。

6

揉好后的样子。将面团放入塑料袋中，避免表面变干。放入冰箱冷藏3—4天。若长期不用，则应放入冰箱冷冻，使用前将面团揉到易于使用的软硬度即可。

芋头（南洋群岛住民食用的一种）

本书中所使用的芋头是中国台湾地区的槟榔芋。它的肉白且有紫色斑点，水分较少、粉质较硬。蒸好的芋头有着一股清甜味。在日本流通较多的是"芋头"（南洋群岛住民食用的一种）。广西省桂林市荔浦县产的荔浦芋也非常有名。

油炸芋角面团制成的点心

1

将漏网稍微压入锅底避免中途浮起，然后把制好的面团依次摆放在漏网中，在170～175摄氏度的油锅中，面团在漏网中慢慢下沉。数秒都没有变化。

2

如果面团下沉过多，则面团会散开，因此一开始应让面团的顶端浮出油锅的表面，整个面团约²/₃沉入油锅中即可。

3

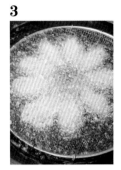

待面团不再四处散开，沉入油锅时，面团表面变硬。倒入凉油，使油锅温度下降，一直油炸至馅料加热均匀。

4

随着油温逐渐上升，点心变得酥脆且颜色漂亮。将它们捞出盛放在铺有吸油纸的烤盘上，放入敞开门的低温烤箱中去油（需更换吸油纸）。

◎失败的案例

无法形成漂亮的花边

若油温过低，面团在凝固前流动的话则无法形成漂亮的花边。

韭黄鸡丝春卷

配方　20个的份量

春卷皮（圆形）20片
鸡丝馅（见第242页）500克
油适量

面糊

＊混合以下两种食材。

┌ 低筋面粉3大匙
└ 水2大匙

餐桌调味料

┌ 李派林喼汁（见第364页）适量
│ 辣椒酱适量
│
│ ＊辣椒酱（见第362页）。
│
└ 花椒盐适量

1. 在春卷皮中间装25克馅料。从前边的春卷皮开始紧紧地卷一圈。接着将左右两边的春卷皮向内折起，再继续轻松卷成一个松软的卷。卷口沾点面糊固定住。

2. 待油锅热到150摄氏度，放入步骤1中做好的春卷。春卷变色后逐渐提高油温，炸至酥脆后捞出来。搭配餐桌上的调味料享用。

成都水饺

配方　30个的份量

水饺面团（见140页）300克
水饺馅（见第258页）300克
川式调料

＊混合以下食材。

- 砂糖50克
- 老抽18克
- 生抽30克
- 潮州辣椒油28克

　＊潮州辣椒油（见第364页）。

- 辣椒油10克
- 大蒜（切末）适量
- 炒白芝麻6克

1. 将面团揉搓成长条，切分为每份10克的小面团，用擀面杖将小面团擀成直径5～6厘米的圆形面皮（见第21页A），在面皮上装入10克馅料，包成"水饺形"（见第28页）。
2. 在滚烫的热水锅中煮水饺。待水饺浮出水面，再煮1～2分钟至饺子皮透明，便从锅里沥水捞出，淋上酱汁享用。

羊肉水饺

配方　30个的份量

水饺面团（见第140页）240克
羊肉馅 成品约250克

＊使用以下配方中的240克。

- 羔羊肉（绞肉）150克
- 葱（葱花）25克
- 香菜（切碎）20克

【调味料】
盐1克
生抽13克
生姜（切碎）1大匙
绍兴酒2小匙
甜面酱（见第361页）2小匙
鸡蛋20克
茴香籽（炒后切碎）½大匙
葱油（见第365页）20克

餐桌调味料

＊混合以下食材。

生抽、醋、辣椒油分别适量
番茄8个

【制作馅料】

1. 在搅拌盆中倒入羔羊肉和调味料中的盐，充分混合至发黏。接着倒入生抽和葱油混合均匀。最后加入葱和香菜大致混合一下即可。放入冰箱冷藏。

2. 用热水烫番茄去皮后，先切成4等份（梳子形状），然后再切成32小份，下面用了30小份（图b）。

【加工】

3. 将面团揉搓成长条，切分为每份8克的小面团，用擀面杖将小面团擀成直径7厘米的圆形面皮（见第21页A）。

4. 在步骤3的面皮上先装入步骤1中的8克羊肉馅，羊肉馅上放1小份步骤2的番茄，然后包成"水饺形"（见第28页）。

5. 在滚烫的热水锅中煮水饺。待水饺浮出水面，再煮1～2分钟至饺子皮透明，便从锅里沥水捞出，搭配餐桌上的调味料享用。

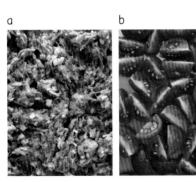

a　　　b

香酥牛肉饼

配方 15个的份量

面团 成品约310克

＊以下配方中使用300克。

┌ 低筋面粉100克 ┐ 低筋面粉和高筋面粉
│ 高筋面粉100克 ┘ 混合过筛
│ 盐少量
└ 水120克

香酥牛肉馅（见第268页）300克

油适量

1. 制作面团。在搅拌盆中放入过筛的粉类和盐，再倒入水揉匀。揉成一团，放入抹了油的密封袋中，静置超过15分钟。
2. 将面团揉搓成长条，切分为每份20克的小面团，沾油。
3. 在台面上抹一层薄油，用擀面杖将小面团擀成40厘米长、3～4厘米宽的带状面皮。还可以通过另一种方式，即将面团的一边紧贴在台面上，拉另一边直至变成薄皮。
4. 在面皮的前侧装上20克馅料。拎起前侧的面皮斜着盖住馅料，呈三角形状。刚开始顺着三角形的形状交替卷几次（图a），接着拉住里侧的面皮正方向往里卷（图b）。
5. 将步骤4像圆筒一样立起来，用手掌从上往下压成饼（图c）。
6. 将步骤5依次摆放在平底锅中，锅中倒入5毫米高的油，两面都用小火或中火煎。煎好后拿出来，吸去多余的油。

a   b   c

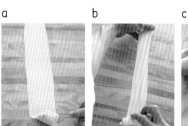

北京煎饼

配方 约11片的份量

面糊

- 低筋面粉125克
  - 鸡蛋120克 ┐
  - 盐3克 ┤ 混合均匀
  - 砂糖10克 │
  - 水300克 ┘
- 葱油（色拉油制）15克
- 葱绿（切成葱花）10克
- 油适量

1. 在搅拌盆中倒入低筋面粉。在面粉中间留出空位，倒入鸡蛋和砂糖。将周围的面粉分多次刮入中间搅拌，接着分多次倒入配方中的水，充分混合至没有面疙瘩。

2. 用滤网过滤步骤1的面糊后，加入葱油和葱花。放入冰箱冷藏约1小时使面糊得到充分溶解。

3. 在平底锅上刷一层薄油，用微火温热锅底。把平底锅从灶台上拿开，倒入约50毫升的面糊，倾斜平底锅使面糊铺满整个锅底，放回灶台上。两面都煎成漂亮的颜色（图a）。

※ 平底锅的用油量是用布等工具沾少许油后擦满锅底即可。面糊底部容易因沉粉而变稠，所以使用前要搅拌。搅拌后面糊若还是很稠，可以加水调整一下浓稠度。

a

▶ 煎饼同大家熟知的、立春吃的"春饼"一样，可以包入很多食物进去一起享用。

枣泥锅贴

配方　约5片的份量

面糊

┌ 低筋面粉100克
│ 鸡蛋60克
│ 吉士粉（见第356页）30克　　将鸡蛋和水等食材混合
│ 椰奶粉（见第357页）15克
└ 水300克

馅

┌ 苹果2又½个
│ 砂糖50克
│ 枣泥馅300克
└ 甜松子（见第278页）75克

油适量

【制作面糊】

1. 在搅拌盆中倒入低筋面粉，分多次加入鸡蛋等食材的混合物搅拌均匀。搅拌好后，用滤网过滤，放入冰箱冷藏约30分钟，使面糊得到充分溶解。

【制作馅料】

2. 将苹果去皮切半后去核。接着把苹果切成3毫米厚的薄片，依次摆放在吸油纸上，撒上砂糖。放入预热好的烤箱中，用125摄氏度烘烤约20分钟。

3. 用保鲜膜分别夹住60克的枣泥馅，擀成14厘米×10厘米大小。

【加工】

4. 加热平底锅，刷上一层薄油，往锅里倒入100毫升面糊，用划圆的方式逐渐推开面糊，最后煎成圆饼。

5. 在步骤4的圆饼中间装上一份步骤3中的枣泥馅（撕掉保鲜膜）。接着撒15克甜松子到枣泥上，取⅓的苹果在上面依次摆成两列，包成四方形（图a）。

6. 在面饼周围倒入少许油，两面都煎匀。剩下的面糊做同样操作。煎好后，切成便于食用的大小即可。

a

脆皮云吞

配方　16个的份量

云吞皮（黄色）16片
云吞馅（见第261页）128克
酱汁（酸甜芡汁，见第16页）
┌ 大蒜（切末）1小匙
│ 新鲜红辣椒（切丁）1大匙
│ 辣椒酱1大匙
│ ＊辣椒酱（见第362页）。
│ 糖醋汁（见第366页）100毫升
└ 水溶马铃薯淀粉2小匙
油适量

1. 制作调味汁。在锅里倒入2大匙油，油热后放入蒜末、新鲜红辣椒丁和辣椒酱进去炒。待炒香后加入糖醋汁至沸腾，倒入水溶马铃薯淀粉勾出稀薄的芡汁。
2. 在云吞皮上装8克馅料，折两折成三角形的形状，沾少许水到三角形底部的两端，然后把两端贴到一起包成"马蹄银形"（见第32页）。
3. 将油锅热到170摄氏度，放入步骤2的云吞炸到酥脆。
4. 炸好后倒入盆里，淋上步骤1中的调味汁。

广式葱油饼

配方　13个

煎饺面团（见第142页）195克
广式葱油饼馅（见第264页）195克
油适量

1. 将面团揉成长条，切分为每份15克的小面团，用擀面杖将小面团擀成10厘米的圆面皮（见第21页A）。
2. 将15克馅料装在面皮的前半边，馅料成细条形（图a）。
3. 从身前的面皮开始将面皮慢慢卷起。不要压面皮左右两端，让卷好的样子呈圆筒状（图b）。
4. 卷口朝下，将圆筒的左右两端往里卷成U形，其中一端插入另一端里面（图c），轻轻按压固定。
5. 用手掌轻轻按平步骤4的成品，调整成烹饪时容易煎均匀的形状（图d）。
6. 用大火蒸约4分钟后，刷少量油到饼皮上，用平底锅慢慢煎至两面都变成金黄即可。

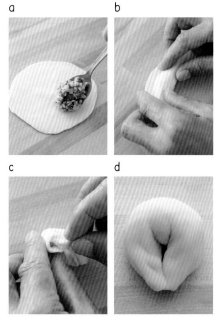

锅贴

配方　30个

锅贴面团　成品约320克

※使用以下配方中的240克。

- 高筋面粉50克 ⎤ 高筋面粉和低筋面粉
- 低筋面粉150克 ⎦ 混合过筛
- 盐⅓小匙
- 热水120克
- 猪油1小匙

锅贴馅（见第261页）480克

油适量

餐桌上的调味料

※混合以下食材。

生抽、醋、辣椒油分别适量

【 制作面团 】

1. 参照"煎饺面团"（见第142页）来制作面团。区别在于步骤1中使用混合过筛的粉类，步骤2中使用猪油代替葱油。

【 加工 】

2. 将面团揉成长条，切分为每份8克的小面团，用擀面杖将小面团擀成直径6～7厘米的圆面皮（见第21页A）。

3. 在步骤2的面皮上装16克馅料，包成"月牙形"（见第27页）。

4. 加热平底锅，倒入薄薄一层油，将步骤3的成品依次排放在平底锅里。接着倒入达到饺子⅓高的热水（未含在配方用量里），盖上锅盖，用中火焖。

5. 待水变干便掀开锅盖，倒少许油进锅里，将锅贴煎至颜色金黄即可。用木铲将锅贴盛到盘子里，搭配餐桌上的调味料享用。

猪肉三鲜锅贴

配方　40个

锅贴面团（见第173页）320克

猪肉三鲜锅贴馅（见第262页）720克

油适量

面糊

＊混合以下食材。

┌ 低筋面粉25克
└ 水600克

餐桌上的调味料

┌ 镇江香醋（黑醋，见第361页）50克

白醋50克

＊2种醋混合后味道会更加醇香。混合后加入生姜。

└ 生姜（切丝）50克

1. 将面团揉成长条，切分为每份8克的小面团，用擀面杖将小面团擀成直径7～8厘米的圆面皮（见第21页A）。

2. 在面皮上盛放18克馅料后对折，只需要抓住面皮边缘的正中封口即可。

3. 在倒了油的锅里依次摆放入步骤2中做好的成品，倒入面糊后盖上锅盖，用中火蒸约6分钟。待水变干便掀开锅盖，倒少许油到锅里，将锅贴煎至颜色金黄即可。

4. 用木铲将锅贴盛放到盘子里，搭配餐桌上的调味料享用。

家常虾酱脆饼

配方　6片

煎饺面团

- 低筋面粉300克
- 盐2克
- 热水200克
- 葱油（见第365页）10克

葱绿（切成葱花）3大匙

葱油3大匙

虾酱（已经预处理，见第362页）3小匙

油适量

1. 参照"煎饺面团"（见第142页）制作面团。
2. 淋3大匙热的葱油到葱绿上。
3. 将面团揉成长条后分成12等份，用擀面杖擀成直径10厘米的圆面皮。在6片面皮上分别抹1小匙步骤2的葱绿，面皮周围留下1.5～2厘米的空间，在剩下的6片面皮上分别抹½小匙虾酱（图a）。
4. 将分别抹了葱绿和虾酱的面皮贴到一起，用擀面杖擀成直径约20厘米的面饼。
5. 用160摄氏度的油温慢慢地油炸，炸好后捞出来沥油。

酱烧状元水饺

配方　40个

状元水饺面团　成品约240克

＊使用以下配方中的160克。

- 低筋面粉50克 ┐ A：混合以上2种
- 高筋面粉20克 ┘ 粉类过筛
- 盐0.5克
- 热水50克
- 低筋面粉50克 ┐ B：混合以上2种
- 高筋面粉30克 ┘ 粉类过筛
- 水35克
- 猪油10克

馅料　成品约325克

＊使用以下配方中的320克。

- 虾米（见第358页）4克
- 干贝（需要泡发，见第359页）40克
- 香菇（需要泡发，见第359页）45克
- 香菜梗4克
- 虾仁（已经预处理，见第258页）100克
- 五花肉（绞肉）100克
- 【调味料】
- 盐少量
- 马铃薯淀粉1大匙
- 胡椒少量
- 鱼酱（见第361页）1小匙
- 芝麻油½小匙
- 砂糖½小匙
- 葱油（见第365页）40克

酱烧的调味料

- 葱油2大匙
- 芝麻油2大匙
- 大蒜（切末）20克
- 生姜（切末）20克
- 亚实基隆葱（切末）20克
- 麻辣酱（见第362页）2大匙
- ＊若没有就用香辣酱替代。
- 甜面酱（见第361页）2大匙
- 绍兴酒2大匙
- 二汤（见第364页）150毫升
- 蚝油2大匙
- 生抽1小匙
- 水溶马铃薯淀粉适量
- 香菜（切碎）适量

【制作面团】

1. 将过筛的A面粉和盐倒入搅拌盆中，然后倒入配方中沸开的热水，揉开面团。

2. 将过筛的B面粉倒入另外一个搅拌盆中，倒入配方中的水和猪油，揉开面团。

3. 将步骤1和步骤2的面团揉到一起，放入塑料袋中静置约30分钟使其松弛。

【制作馅料】

4. 将虾米放入200摄氏度的烤箱中烤3分钟，放入搅拌机中搅碎。

5. 将干贝撕开，香菇切碎，香菜的茎部切细。

6. 用刀拍扁虾，然后切碎。

7. 将虾仁、五花肉和调味料中的盐倒入搅拌盆中，揉至产生黏性。拌入马铃薯淀粉，然后加入步骤4的虾米、步骤5的瑶柱、香菇、香菜茎部和剩余的调味料，混合均匀（图a）。

【加工】

8. 将面团擀成长条，切分成每份4克的小面团，用擀面杖将小面团擀成直径为4~5厘米的圆面皮（见第21页A）。

9. 在圆面皮上放置8克馅料，包成"水饺形"（见第28页）。

10. 用热水煮水饺4~5分钟。

11. 先将酱烧调味料中的葱油和芝麻油倒入锅中，接着倒入蒜末、生姜、亚实基隆葱、麻辣酱和甜面酱炒香。然后倒入绍兴酒、二汤、蚝油和生抽，最后倒入水溶马铃薯淀粉勾芡。倒入步骤10中沥干水分的饺子到酱汁中裹酱汁（图b），撒入香菜即可。

a

b

鱼翅灌汤饺

配方　16人份

汤饺面团　成品约500克（约40片）

＊使用配方中的16片。

> 吉士粉（见第356页）19克
> 鸡蛋180克
> 高筋面粉300克
> 熟面37.5克

＊熟面即25克低筋面粉中加入15克滚烫的热水揉成的面团，成品约40克。

面粉（澄粉）适量

汤饺馅（见第259页）1040克

鱼翅（最后加工用）适量

＊"灌汤饺馅"步骤1中，会多备用一些预处理的鱼翅制成的调味汤汁。

花生油适量

汤水

> 上汤（见第364页）1.6升
> 盐适量
> 砂糖适量
> 胡椒适量

餐桌上的调味料

> 生姜（切丝）适量
> 浙醋（红醋，见第361页）适量

【制作面团】

1. 在搅拌盆中放入吉士粉和鸡蛋，搅拌溶解。接着倒入高筋面粉和熟面，一起揉匀。面团表面湿润，将面团放入密封袋中，放入冰箱冷藏一晚使面团松弛。使用时，需提前1小时从冰箱拿出。

2. 先将面团搓成长条，切分成每份12克的小面团，再用擀面杖将小面团擀成直径为10厘米的圆形面皮（见第21页，B步骤1—3）。

3. 将数张沾了干粉的面皮叠加到一起，用手抻成直径约为12厘米的碗状面皮。这样反复操作完40片面皮。

【加工】

4. 在步骤3的面皮上放入65克馅料，包成"月牙形"（见第27页）。

5. 在一人用的碗中刷上一层薄薄的花生油，放入1个步骤4的成品，用大火蒸约3分钟。

6. 将汤水的食材（上汤、盐、砂糖和胡椒）一并放入锅中煮沸，倒进步骤5的碗中，再放入适量的鱼翅，用大火蒸10～12分钟。在浙醋中放入姜丝，蘸酱享用。

◎ 专栏

改良汤饺的享用方式

汤饺是自古以来便有的点心，最初是直接放在蒸笼内蒸制的点心。只不过，蒸的过程中或者用筷子夹起来吃的时候，经常会出现汤饺的表皮破损导致汤汁流出的现象。为了让客人更好地品尝到汤饺里的汤汁，20世纪80年代中期，改良成如今这种将汤饺盛到碗中后再灌入汤汁的享用方式。

这道汤饺使用的传统面团是本书中介绍的加入碱水和老面制成的膨发面团。

干蒸烧卖

配方 32个

＊准备竹叶（7厘米×7厘米）。若没有，用吸油纸替代。

烧卖皮（黄色）32片

烧卖馅（见第243页）640克

飞鱼籽（盐腌，见第359页）适量

油少量

1. 剪掉烧卖面皮的四个角。用面皮包住20克馅料（见第31页），包好后，顶端用飞鱼籽做装饰。
2. 将步骤1的烧卖放在刷了油的竹叶上，用大火蒸约7分钟。

干蒸瑶柱烧卖

配方 30个

＊准备竹叶（7厘米×7厘米）。若没有，用吸油纸替代。

烧卖皮（白色）30片

瑶柱烧卖馅（见第262页）600克

仿造蟹黄适量

＊在新鲜或者冷冻的蟹黄里加入适量的蛋黄、砂糖、盐和油，放入锅中隔水加热混合。

豌豆（盐水焯好）30粒

油少量

1. 剪掉烧卖面皮的四个角，用擀面杖将面皮擀大一圈。用面皮包住20克馅料（见第31页）。另外，要滑动木铲来控制烧卖馅料的高度。烧卖顶端用仿造蟹黄和豌豆做装饰。

＊将面皮擀大一圈，制成的烧卖会有波形褶边。

2. 将步骤1的烧卖放在刷了油的竹叶上，喷点水到烧卖表面，再用大火蒸约7分钟。

干蒸麻辣烧卖

◎专栏

> **最初擀好的烧卖面皮边是**
> **带有波形褶皱的**
>
> 　　在以面食为主的北方，有许多使用小麦粉制成的
> 精湛点心，制作这些点心的技术逐渐从北方传到了全
> 国各地。传统的烧卖是用热水和面（小麦粉），然后用
> 走锤擀面杖（擀面杖中间部位是球形）擀出一片片边
> 缘带有波形褶皱的面皮。
>
> 　　另一方面在南方，虽然是受了北方的影响，但现在
> 都是用机器来压出大面皮，再切成小面皮。烧卖面皮由
> 小麦粉、鸡蛋、碱水和水来制作，更加顺口和美味。
>
> 　　在北方，有许多使用小麦粉制作的点心，外观以
> 简易居多。而南方擅长在提高质量上下功夫，精致的
> 种类偏多。

配方　30个

＊准备竹叶（7厘米×7厘米）。若没有，用吸油纸替代。

烧卖皮（白色）30片
麻辣烧卖馅（见第263页）600克
虾米辣椒油（见第365页）适量
油少量

1. 剪掉烧卖面皮的四个角。用面皮包起20克馅料（见第31页），
   放在刷了油的竹叶上，用大火蒸约7分钟。
2. 蒸好后，在烧卖顶端铺上虾米辣椒油。

干蒸番茄烧卖

配方　28个

＊准备竹叶（7厘米×7厘米），若没有竹叶，则用吸油纸替代。

烧卖皮（白色）28片
番茄烧卖馅（见第263页）700克
飞鱼籽（生抽腌制，见第359页）适量
炒蛋1个鸡蛋
油少量

1. 剪掉烧卖面皮的四个角。用面皮包上25克馅料（见第31页），包好后，在最上方点缀上飞鱼籽和炒蛋。
2. 将烧卖放在刷了油的竹叶上，用大火蒸5～6分钟。

姜葱捞水饺

配方　25个

烧卖皮（黄色）25片
鱼胶馅（见第244页）250克
葱（切成葱花）适量
生姜（切末）适量
新鲜红辣椒（切圆片）适量
花生油适量

鱼酱调味汁

- 鱼露（见第361页）30克
- 鲜味汁（见第361页）25克
- 生抽20克
- 砂糖½小匙
- 老抽5克
- 二汤（见第364页）200克

1. 在烧卖面皮上盛放10克馅料，包成"鸡冠形"（见第29页）。
2. 将油锅中加热至冒烟的花生油淋到葱、生姜和新鲜红辣椒上。
3. 制作鱼酱调味汁。将鱼酱调味汁的食材放入锅中加热至沸腾即可。

＊这个酱汁，中文称作"鱼汁"。

4. 在锅中倒入充足的热水，放入水饺煮，煮的过程要让每个水饺受热均匀。
5. 待水饺面皮变透明并浮出水面时，便可以捞出水饺，沥干水分，盛放在碗中，放入步骤2的葱姜辣椒和淋上步骤3的鱼汁即可。

小笼包

配方　25个

＊准备编织的灯芯草，若没有可以吸油纸替代。

小笼包面团（见第144页）175克

小笼包馅（见第245页）

> ┌ 猪肉馅375克
> └ 肉皮冻25个（1个10克）

＊分别制好。

餐桌上的调味料

> ┌ 镇江香醋（黑醋，见第361页）50克
>
> │ 白醋50克
>
> │ ＊2种醋混合后发酵口感变得更香醇，混合后加入生姜。
>
> └ 生姜（切丝）50克

1. 先将面团擀成长条，切分成每份7克的小面团，再用擀面杖将小面团擀成直径为6厘米的圆形面皮（见第21页A）。
2. 将15克猪肉馅和1个肉皮冻放在面皮上，包成"鸟笼形"（见第24页）。
3. 将包好的小笼包放入蒸屉，用大火蒸7～8分钟。蒸好后，搭配餐桌上的调味料享用。

炸酱肉包

配方　35个

小笼包面团（见第144页）280克

馅料

> ┌ 炸酱肉包馅（见第265页）525克
> └ 肉皮冻（见第245页）35个（1个10克）

＊分别制好。

餐桌上的调味料

> ┌ 镇江香醋（黑醋，见第361页）50克
>
> │ 白醋50克
>
> │ ＊2种醋混合后加入生姜。
>
> └ 生姜（切丝）50克

1. 先将面团擀成长条，切分成每份8克的小面团，再用擀面杖将小面团擀成直径约为6厘米的圆形面皮（见第21页A）。
2. 将15克馅料和一个肉皮冻放在面皮上，包成"鸟笼形"（见第24页）。
3. 将包好的炸酱肉包放在吸油纸上，用大火蒸约6分钟。搭配餐桌上的调味料享用。

五仁火腿月饼（广式）

配方　9个

※准备月饼模（内寸7.3厘米×6.9厘米，高3.5厘米）。

月饼面团（见第146页）387克
五仁火腿月饼馅（见第270页）1395克
蛋液（见第11页）适量

切面（如图）

1. 先将馅料分成每份155克，再用保鲜膜紧紧包成圆形，放入冰箱冷藏。
2. 将面团擀成长条，切分成每份43克的小面团，用点心刀将小面团拍成直径为10厘米的圆形面皮（见第23页），用面皮包起馅料，放入模具中定型（见第148页）。
3. 用蒸汽烤箱烘烤（见第149页）。

※若使用普通的烤箱，则参照149页"烤箱烘烤"的方法。

▶月饼做工精巧，种类和款式也非常多。一般提起月饼，基本上都是这种皮薄馅多的款式。

莲蓉蛋黄月饼（广式）

配方　10个

※准备月饼模（内寸直径4.5厘米，高2厘米）。

月饼面团（见第146页）100克
馅料
  ┌ 莲蓉馅370克
  └ 咸蛋黄（见第359页）5个
蛋液（见第11页）适量

切面（如图）

1. 制作馅料。将咸蛋黄1分为2（1份约6克），揉圆，用37克莲蓉馅包住1份蛋黄，合计43克。
2. 先将面团擀成长条，切分成每份10克的小面团，再用点心刀将小面团拍成直径为5厘米的圆形面皮（见第23页），用面皮包住馅料，放入模具中定型（见第148页）。
3. 用蒸汽烤箱烘烤（见第149页）。先用200摄氏度烘烤，当刷完第二次蛋液后，调为180摄氏度烘烤约6分钟。

※若使用普通的烤箱，则参照149页"烤箱烘烤"的方法。只是，149页中步骤1的烘烤时间分别减半。

咸蛋奶黄栗子包

配方　布丁模（直径3.5厘米）10个

月饼面团（见第146页）100克

馅料

┌ 糖水煮的板栗（保留板栗的薄膜）5个
│ 板栗味利久酒适量
└ 咸蛋奶黄馅（见第251页）100克

【制作馅料】

1. 在糖水煮的板栗中加入板栗利久酒。
2. 将10克的咸蛋奶黄馅切开一半，包入步骤1中切小的板栗。

【加工成形】

3. 将月饼面团擀成长条，切分成每份10克的小面团，用手将小面团抻成直径3～4厘米的碗状面皮（见第20页，团子），裹住馅料包成"圆球形"（见第26页）。将圆球调整成荷花苞形状，用小刀的背面在荷花苞表面勾勒出线条来（图a）。最后放入冰箱冷藏10分钟。
4. 将步骤3成品的底部按入布丁模中成形，然后放入预热好的烤箱中，用上火230摄氏度，下火180摄氏度烘烤约10分钟，趁热脱模。

a

苏式月饼

切面（如图）

配方　14个

月饼用小型层酥面团（见第189页）

＊下面参照本页步骤2—3来制作。

```
┌ 水油皮140克
└ 油酥98克
```

馅料　成品约220克

＊以下使用其中的210克。

```
┌ 五花肉（绞肉）100克
│ 葱（切成葱花）20克
│ 生姜（切末）4克
│ 炒白芝麻4克
│ 腊肠（见第359页，切碎）20克
│ 叉烧肉（见第248页，切碎）60克
│ 【调味料】
│ 砂糖6克
│ 生抽6克
│ 绍兴酒6克
│ 花椒粉（见第360页，花椒）0.5克
└ 芝麻油3克
蛋白适量
黑芝麻适量
油适量
```

1. 参照"冬蓉月饼"步骤4—7（见第189页），水油皮包住油酥后，擀开、折叠、再擀开。

【制作馅料】

2. 在五花肉中拌入调味料中的砂糖和花椒粉等食材，接着拌入馅料中其余的食材，最后倒入调味料中的芝麻油搅拌均匀，放入冰箱冷藏。

【加工成形】

3. 将步骤1的面皮旋涡面朝里，在面皮上盛放15克步骤2的馅料，包成"鸟笼形"（见第24页）。包好后封口朝下，表面刷蛋白，再沾上黑芝麻，最后轻轻按平即可。

4. 将步骤3中包好的馅饼沾黑芝麻的一面朝上，依次摆入刷了油的烤盘中，放入预热好的烤箱中，用180摄氏度烘烤15～20分钟。

▶ "苏式月饼"在中国有着悠久的历史。它的饼皮由酥皮面团制成，馅料由素菜或者果仁中加盐或糖制成，多数是圆形的。刚出炉时趁热享用会非常美味。

冬蓉月饼

配方　30个

月饼用小型层酥面团

【水油皮】成品约350克
＊以下使用其中的300克。

低筋面粉180克
热水130克
麦芽饴糖20克
猪油20克

【油酥】成品约245克
＊以下使用210克。

低筋面粉156克
猪油89克

馅料

冬蓉馅（见第253页）390克
咸蛋奶黄馅（见第251页）60克

油适量

切面（如图）

【制作馅料】

1. 先将冬瓜馅和咸蛋奶黄馅一起混合，然后揉成每份15克的圆球。

【制作面团】

2. 在搅拌盆中倒入水油皮所需的低筋面粉和麦芽饴糖，接着倒入配方中滚烫的热水，然后用擀面杖快速搅拌。充分混合后，将面团放到台面上，在面团中混入猪油（图a）。将面团揉成一团后，静置10分钟。

3. 充分混合油酥所需的食材，制成油酥（见第98页，"岭南折叠酥皮面团"步骤6—7）。

4. 将水油皮分成10克每份，油酥分成7克每份。

5. 参照"中式小型折叠酥皮面团"步骤2—6（见第104页），用水油皮把油酥包成圆形，用擀面杖将它们擀成宽4厘米、纵长12厘米的面皮，从后朝身前方向卷起面皮。将面皮转90度，再次擀成同样大小卷起。卷口朝上，用手指按压中间位置（步骤7同样操作）。

6. 拎起两端朝中间垂直折叠下去，再从上往下压扁（图b～c）。

7. 用擀面杖擀成直径为6厘米的圆形面皮（见第21页A）。

【加工】

8. 将面皮的漩涡面朝里，在面皮上盛放15克馅料，包成"鸟笼形"（见第24页）。包好后轻轻压平。

9. 在刷了油的烤盘上依次摆入（步骤8的）成品（收口朝下）。放入预热好的烤箱中，用180摄氏度烘烤15～20分钟。中途底部颜色变金黄后，则翻面继续烘烤至另一面颜色变金黄即可。

▶ "潮式月饼"（见第195页"专栏"）的饼皮由酥皮面团制成，馅料由冬瓜、豆类和薯类制成，形状大多数如馒头一样是圆形的。

a

b

c

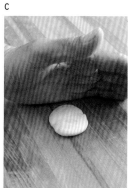

松子枣泥月饼

配方 26个

月饼用小型层酥面团（见第189页）

＊分别参照本页的步骤2—3来制作。

┌ 水油皮260克
└ 油酥182克

松子枣泥馅（见第270页）390克

油适量

切面（如图）

1. 将馅料分为每份15克，分别揉圆。

2. 参照"冬蓉月饼"的步骤4—7（见第189页），先用水油皮包住油酥，然后折叠面酥，再将面团擀开即可。区别的地方是，在第2次卷完面团后，需要切掉面团的两端（图a），然后将面团卷起，再按扁。

3. 将面皮的旋涡面朝外，在面皮上盛入馅料，包成"圆球形"（见第26页）。轻轻将圆球按扁。

4. 在烤盘上刷一层薄油，然后依次摆入步骤3中做好的封口朝下的成品。放入预热好的烤箱中，用180摄氏度烘烤15～20分钟。中途底部颜色变金黄后，则翻面继续烘烤至另一面颜色变金黄即可。

a

冰皮月饼

配方　分别20个

＊准备月饼模（内寸直径4.3厘米、高3.4厘米）。

面团　成品约350克

＊以下使用320克。

- 牛奶186克
- 糖粉60克
- 油20克
- 糯米粉46克
- 粘米粉（台湾产，见第356页）36克
- 澄粉20克

面粉（马铃薯淀粉）适量

A 抹茶味椰蓉馅

＊以下使用300克。

椰蓉馅（见第252页）300克

抹茶3克

B 杞果椰蓉馅

椰蓉馅300克

杞果粉（见第357页）6克

杞果去皮去核后100克

A的切面（如图）

B的切面（如图）

【制作面团】

1. 在搅拌盆中混合牛奶、油等食材。

2. 在另外一个搅拌盆中混合糯米和澄粉，然后倒入步骤1的食材混合均匀后过筛。

3. 静置约5分钟后，倒入搪瓷烤盘中，用保鲜膜包住，大火蒸约15分钟。

4. 蒸好后，趁热用卡板刮成一团（图a-b）。待冷却后切分为每份8克。

【制作2种馅料】

5. A是将椰蓉馅和抹茶混合后，每份分15克后揉成圆球。B是将椰蓉馅和杞果粉混合后，用其中的300克。每份同样分为15克，1份裹住5克切成小块的杞果，包成圆球。

【加工】

6. 用擀面杖将面团擀成直径7厘米的圆面皮（见第21页A），在面皮上盛放1份馅料，包成"鸟笼形"（见第24页）（图c）。包好后表面沾点面粉，将收口朝上放入月饼模中，按压成形。

7. 月饼脱模后，去掉表面多余的粉末，放入冰箱中冷藏。

a

b

c

d

中秋节以及各地不同的月饼

　　自古以来，亚洲各国都有赏月的习俗。虽然未明确中国从什么时候开始有赏月的习俗，但是唐宋诗人杜甫、白居易和苏轼有许多首咏诵中秋明月的诗歌。

　　在北宋的京城—汴京（现在的开封），中秋夜晚人们会去酒楼举办赏月宴会。夜市会一直开至天明，街市上人潮拥挤，非常热闹。原本在赏月等庙会活动中都有吃月饼的习惯，只是到了明朝以后，就只有在中秋节才吃月饼了。

　　"嫦娥奔月""玉兔捣药"等故事，是在日常生活的规矩和习俗中孕育出的与月亮相关的神话故事，并世代流传下来。月饼与神话密不可分，人们在月饼的基础上描绘出了神话故事。

　　月饼的面皮和馅料种类繁多，各地都会制作具有当地特色的月饼。

　　月饼面皮的主材料是小麦面粉和糯米粉等面粉，然后揉入浓缩糖浆，此外，还有酥皮面皮和冰皮等种类。它们的馅料有甜的，也有咸的，还有使用肉类和素食的馅料等。

　　具有代表性的月饼分别有：北方的"京式月饼"、江南地区的"苏式月饼"（见第187页）、广东的"广式月饼"（见第185页）和潮州的"潮式月饼"（见第188页）。

　　快接近中秋节时，大街上"欢迎订购月饼""月饼上市"等广告引人注目。

　　中秋节也被称为"团圆节"，在快到这一天的时候，人们和家人们一起赏月吃月饼。还会给远在他乡的亲戚赠送月饼，寄托思念之情，并祝福亲人生活幸福美满。对于聚集了这么多美好愿望的中秋月饼来说，中国人购买的兴致就像（日本人）购买圣诞蛋糕一样，它的销售量不是零散的。

淡水鲜虾饺

家乡蒸粉果

配方 30个

虾饺面团（见第150页）240克
虾饺馅（见第246页）450克
餐桌上的调味料
- 芥末适量
- 辣椒酱（辣椒酱，见第362页）适量

1. 取7～8克面团，用点心刀拍成直径7～8厘米的圆面皮（见第22页）。

2. 在步骤1的面皮上盛放15克馅料，包成"梳子形"（见第28页）。

3. 将虾饺放在蒸屉的吸油纸上，用大火蒸6～7分钟。搭配餐桌上的调味料享用。

配方 25个

虾饺面团（见第150页）300克
家乡蒸粉果馅（见第266页）375克
仿造蟹黄（见第180页）适量
面粉（澄粉）适量

1. 用擀面杖将12克的面团擀成直径5厘米的圆面皮（见第21页A）。将5～6片沾了面粉的面皮叠加起来，用手搓成直径8厘米的碗状面皮（见第21页，B步骤4—5）。

2. 将盛放了少量仿造蟹黄和15克馅料的面皮对折，捏住面皮的边缘封口（见第32页，"眉形"）。将粉果放在蒸屉的吸油纸上，用大火蒸约4分钟。

▶1920—1930年，在广州有家名叫"茶香室"的茶楼，茶楼里有位叫作"娥"的女性点心师傅，她制作的粉果非常受欢迎，被称作"娥姐粉果"。后来，许多点心师傅纷纷效仿她做起了粉果。

鱼翅凤眼饺

配方 30个

虾饺面团（见第150页）240克

馅料

┌ 虾饺馅（见第246页）250克
│ 鱼翅（冷冻，见第358页）160克
│ 【鱼翅预先处理】
│ 葱绿适量
│ 生姜皮适量
│ 绍兴酒适量
│ 水适量
│ 【预先准备鱼翅的调味料】
│ 二汤（见第364页）200毫升
│ 生抽1大匙
│ 蚝油1大匙
│ 砂糖½小匙
│ 胡椒适量
│ 水溶马铃薯淀粉适量
└ 葱油（见第365页）1大匙

飞鱼籽（盐腌制，见第359页）适量

【制作馅料】

1. 将解冻的鱼翅、葱绿和生姜一起放进搅拌盆中，再倒入适量的绍兴酒和水，最后一起蒸至鱼翅变软。蒸好后捞出鱼翅晾干，去腥。

2. 将处理好的鱼翅放进预先准备的调味料即二汤和胡椒中熬煮，再加入水溶马铃薯淀粉和葱油提味。熬好后先取180克出来。

3. 在虾饺馅里混入步骤2中剩下的鱼翅里。

【加工】

4. 取7～8克面团，用点心刀拍成直径8～9厘米的圆面皮（见第22页）。

5. 在面皮上盛放约10克馅料，包成"凤眼形"（见第29页）。在凤眼饺上方放6克步骤2中先取出的鱼翅和飞鱼籽。

6. 将步骤5放在蒸屉的吸油纸上，用大火蒸6～7分钟。

皇冠饺子

配方　35个

虾饺面团（见第150页）350克
皇冠饺馅（见第264页）350克
装饰用的食材
- 豌豆（盐煮）40颗
- 香菇（泡发，见第359页）3个
- 火腿里脊100克
- 咸蛋黄（见第359页）3个

【准备装饰用的食材】

1. 将豌豆去皮并沥干水分。接着将豌豆、香菇和火腿里脊切成小块。咸蛋黄用大火蒸6～7分钟，过筛使用。

【加工】

2. 取10克面团，用点心刀拍成直径7厘米的圆面皮（见第22页）。在面皮上盛放10克馅料，包成"皇冠形"（见第30页），在皇冠的顶端分别装饰上步骤1的豌豆、香菇、火腿里脊和咸蛋黄。

3. 将饺子放在蒸屉的吸油纸上，用大火蒸约6分钟。

瑶柱白菜饺

配方　20个

翡翠面团　成品约300克

＊以下使用120克。

- 白菜（菜叶部分）20克

  ＊也可以用菠菜、油菜叶等代替。

  水170克

  澄粉100克

  马铃薯淀粉32克
- 小苏打（或者碱水）1克

虾饺面团（见第150页）180克

馅料

- 白菜130克

  虾饺馅（见第246页）160克

  干贝（需要泡发，见第359页）20克

  【调味料】

  盐2克

  砂糖4克

  胡椒少量
- 马铃薯淀粉4克

餐桌上的调味料

炒豆瓣酱（见第362页，"豆瓣酱"）适量

【制作馅料】

1. 将白菜蒸2～3分钟后切碎沥水（变成65克）。
2. 将虾饺馅切成约7毫米的三角形，先加入调味料里的盐和胡椒，接着加入步骤1的白菜和干贝，最后加入马铃薯淀粉，混合好后放入冰箱冷藏。

【制作翡翠面团】

3. 将白菜和配方中的水放入搅拌机中搅拌后，用布裹住拧出水，使用其中的170克。
4. 把澄粉和马铃薯淀粉倒进搅拌盆中，放入锅中隔水加热至温。
5. 在步骤3的白菜中加入小苏打，煮沸后一口气倒进步骤4的粉中，用擀面杖快速搅拌。

＊待液体沸腾时再加入小苏打，面团将无法变色。

6. 用"虾饺面团"步骤3—6（见第151页）的方法，完成面团的制作。

【加工】

7. 用擀开的翡翠面团卷起揉成长条的虾饺面团。用手掌将卷好的面团擀成直径约2厘米的长条。
8. 将长条面团均分为每份15克的小面团，用点心刀将小面拍成直径9厘米的圆面皮（见第22页），在面皮上盛放12克馅料，包成"白菜形"（见第30页）。将白菜饺放在蒸屉的吸油纸上，用大火蒸约4分钟。蒸好后搭配餐桌上的调味料享用。

潮州蒸粉果

配方 20个

潮州蒸饺面团（见第152页）300克
潮州蒸粉果馅（见第267页）240克
飞鱼籽（盐腌制，见第359页）适量
面粉（澄粉）适量

1. 将面团揉成长条，切分为每份15克的小面团。用擀面杖将小面团擀成直径5厘米的圆面皮（见第21页A）。将5～6片沾了面粉的圆面皮叠加到一起，用手搓成直径8厘米的碗状面皮（见第21页，B步骤4—5）。
2. 在碗状面皮上盛放12克馅料，包成"鸡冠形"（见第29页）。包完后，在最顶端点缀上飞鱼籽。
3. 将粉果放在蒸屉里的吸油纸上，用大火蒸约6分钟。

冬菜韭菜饼

配方 20个

韭菜包面团（见第154页）300克
冬菜韭菜馅（见第247页）360克
虾（已经预处理，见第258页）20只
面粉（澄粉）、油分别适量

预先准备虾的调味料（供200克虾用）

- 盐1克
  砂糖0.6克
  小苏打0.6克
  蛋白少量
- 马铃薯淀粉1.5克

餐桌上的调味料
辣椒酱适量（见第362页）

a

1. 吸干虾表面的水份，然后将虾放入预先准备好的调味料中混合，静置约30分钟。
2. 用低温的油翻炒一下虾至表面颜色微红即可。
3. 将面团揉成长条，切分为每份15克的小面团，用擀面杖将小面团擀成直径7～8厘米的圆面皮（见第21页A）。在圆面皮上盛放18克馅料和1只虾，包成"鸟笼形"（见第24页）（图a），然后从上往下轻轻按压。
4. 将韭菜饼放在蒸屉的吸油纸上，用大火蒸约3分钟。
5. 平底锅中倒入少许油，用大火煎韭菜饼两面，约3～4分钟。

咸鱼煎饼

配方 10个

韭菜包面团（见第154页）300克
瑶柱烧卖馅（见第262页）160克
咸鱼（见第359页，切小块）10克
生姜（切小块）30克
油适量

1. 将瑶柱烧卖馅切碎，与咸鱼和生姜混到一起。

2. 将面团揉成长条，切分为每份30克的小面团，用擀面杖将小面团擀成5厘米×24厘米长的面皮。

3. 将面皮长边横向摆放，在面皮上铺开步骤1的20克馅料，将前（靠身体）后两侧的面皮分别朝中间折叠（图a）。接着沿中间线对折（图b），用手掌轻轻按压调整形状。

4. 让对折口朝里，从面皮的一头开始往里卷成旋涡形（图c）。在折叠过程中，开始卷的那头卷在最里头，卷好后，用手掌按压成直径约7厘米的圆饼（图d）。

5. 将圆饼放在吸油纸上，先用大火蒸约2分钟，然后放入倒了少许油的平底锅中，用中火慢慢煎两面。

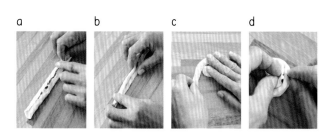

a   b   c   d

上汤煎粉果

配方　10人份

炸饺面团（见第156页）160克

虾饺馅（见第246页）240克

韭黄（3毫米宽）10克

面粉（澄粉）、油分别适量

汤水

  ⌈ 上汤（见第364页）1升

  ｜ 盐½小匙

  ⌊ 砂糖、胡椒分别少量

1. 将面团揉成长条，切分为每个8克，总共20个的小面团，用擀面杖将小面团擀成直径5～6厘米的圆面皮（见第21页A）。将5～6片沾了面粉的面皮叠加到一起，用手搓成直径7～8厘米的碗状面皮（见第21页B步骤4—5）。

2. 在面皮上盛放12克馅料，包成"锁边眉形"（见第101页）。

3. 用盐、砂糖和胡椒来调上汤的味道，分别装入10个碗中，然后蒸煮即可。

4. 用160摄氏度～165摄氏度的油温炸步骤2中包好的粉果至酥脆，表面颜色金黄即可。

5. 在步骤3的碗中分别装入韭黄，一碗汤配2个步骤4的成品。

葡汁咖喱盒

配方 25个

炸饺面团（见第156页）300克

咖喱蟹肉馅（见第266页）375克

芝士（融化）50克

面粉（澄粉）、油分别适量

1. 将面团揉成长条，切分为每个6克，总共50个的小面团，用擀面杖将小面团擀成直径3～4厘米的圆面皮（见第21页A）。将5～6片沾了面粉的面皮叠加到一起，用手搓成直径约5厘米的碗状面皮（见第21页B步骤4—5）。

2. 在面皮上分别盛放15克馅料和2克芝士，然后盖上另外一片面皮，包成"锁边圆形"（见第30页）。

3. 用160摄氏度～165摄氏度的油温炸至酥脆，表面颜色金黄即可。

果酱水晶饼

配方　27个

＊准备水晶饼用的圆模（内寸直径5厘米、高1.5厘米）。

水晶面团　成品约275克

＊以下使用270克。

- 澄粉75克
- 马铃薯淀粉5克
- 热水150克
- 砂糖15克
- 炼乳30克
- 猪油10克

菠萝馅（见第254页）675克

油适量

1. 将凤梨馅切碎。

【制作面团】

2. 先将澄粉和马铃薯淀粉放入搅拌盆中，然后倒入滚烫的热水，迅速用擀面杖充分搅拌。待面团稍微变凉，拿到台面上，依次加入砂糖和猪油等食材，揉充分后揉成一团（图a～c）。

【加工】

3. 将面团揉成长条，切分为每份10克的小面团，用擀面杖将小面团擀成直径4—5厘米的圆形面皮（见第21页A），在面皮上盛放25克馅料，包成"圆球形"（见第26页）。

4. 将步骤3的圆球放入抹了一层薄油的模具中，封口朝上。在模具中按压成形后取出，放在吸油纸中，用大火蒸约5分钟。

▶蒸好后，面皮变透明且有着淡淡的奶香味。还有很多点心将面团擀成厚面皮，搭配各种馅料组合制成。

a　　b　　c

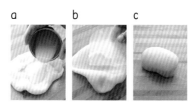

香麻水晶饼

配方 27个

＊准备水晶饼用的圆模（内寸直径5厘米、高1.5厘米）。

水晶面团（见第204页）270克

馅料 成品约675克

┌ 豆沙馅565克
└ 黑芝麻（三次研磨，见第81页）110克

油适量

1. 混合豆沙馅与黑芝麻。
2. 参照"果酱水晶饼"的步骤3—4（见第204页）制作成形，然后蒸熟即可。

脆皮芝麻球

配方　20个

咸水角面团（见第158页）240克
莲蓉馅160克
白芝麻适量
油适量

1. 将莲蓉馅分为每份8克，分别揉圆。
2. 将面团揉成长条，切分为每份12克的小面团，用手将小面团搓成直径3～4厘米的碗状面皮（见第20页，团子）。在面皮上盛放馅料，包成"圆球形"（见第26页）。给圆球表面喷点水，然后沾满白芝麻。

※若刷蛋白替代喷水，当面团膨发时，芝麻将无法均衡地遍布在圆球的表面。

3. 将芝麻球放入150摄氏度的油锅中，随着油温逐渐上升表面颜色变金黄即可。油炸过程需要在漏网中一边滚动一边油炸，这样操作可以避免因面团变软而无法形成漂亮的球形。

韭黄咸水角

配方　20个

咸水角面团（见第158页）400克
咸水角馅（见第249页）200克
高筋面粉、油分别适量

1. 将面团揉成长条，切分为每份20克的小面团，用手将小面团搓成直径6厘米的碗状面皮（见第20页，团子）。将盛放10克馅料的面皮对折后，用手指轻轻捏住面皮的边缘封口成"半圆形"（见第32页）。
2. 在步骤1的成品表面沾点高筋面粉，放入漏网中，然后与漏网一起放入150摄氏度的油锅中炸至酥脆和表面颜色变金黄。

※由于饺子表面沾有面粉，所以油炸过程中要注意避免粘到一起。

奶黄糯米糍

麻蓉糯米糍

配方　20个

咸水角面团（见第158页）240克
奶黄馅（见第251页）160克
椰子粉（已经预处理，见第356页）适量
马拉斯奇诺樱桃（切碎）适量
油适量

1. 将面团揉成长条，切分为每份12克的小面团，用手将小面团搓成3—4厘米的碗状面皮（见第20页，团子），在面皮上盛放8克馅料，包成"圆球形"（见第26页）。
2. 在搪瓷烤盘上抹油或者铺一张吸油纸，依次摆入步骤1的圆球，用大火蒸约5分钟。
3. 在蒸完的圆球的表面变干之前撒满椰子粉，并在最上方点缀上马拉斯奇诺樱桃碎。

配方　20个

咸水角面团（见第158页）240克
芝麻馅（见第254页）160克
开心果（需要烘烤，见第11页，切碎）适量
油适量

1. 按照"奶黄糯米糍"的步骤1—2来制作团子，在团子表面变干之前撒满开心果碎。

擂沙圆

配方　32个

咸水角面团（见第158页）384克
黑芝麻馅（见第271页）256克
黄豆面适量

1. 将黑芝麻馅分别揉成8克的圆球，放入冰箱冷藏。
2. 将面团揉成长条，切分为每份12克的小面团，用手将小面团搓成直径约3厘米的碗状面皮（见第20页，团子），在面皮上盛放黑芝麻馅，包成"圆球形"（见第26页）。
3. 用足够的热水煮步骤2的圆球3～4分钟。捞出沥干水分后，表面沾上黄豆面即可。

▶清朝末年，上海的雷氏老太太先将豆沙擂成粉（即擂沙），然后用汤圆滚上粉末制成，这就是擂沙圆的起源。

川椒皮蛋叉烧球

配方　24个

面团

┌ 咸水角面团（见第158页）720克
│ 黑胡椒粒（切碎）10克
└ 花椒（见第360页，切碎）3克

馅料

┌ 皮蛋（已经预处理，见第359页）1个
│ 玫瑰酒适量
│
│ ＊玫瑰露酒（见第361页）。
│
│ 酸姜（见第360页）100克
└ 叉烧馅（见第248页）400克

油适量

【 制作馅料 】

1. 先将皮蛋分成6等份的弯梳形，然后每份再分别分成4等份。在皮蛋上撒上玫瑰酒。

2. 将酸姜切成5毫米厚1厘米长的方块后，混进叉烧馅中。这里使用其中的480克。

【 先制面团、再加工 】

3. 在面团里揉入黑胡椒粒和花椒，再将面团揉成长条，切分为每份30克的小面团。用手将小面团揉成直径5～6厘米的碗状面皮（见第20页，团子），在面皮中盛放步骤2的20克馅料、步骤1的一块皮蛋，然后包成"圆球形"（见第26页）。

4. 将步骤3的圆球放入130摄氏度的油锅中炸至浮起来，便可以捞出来。待油温上升至180摄氏度，将圆球再次放入油锅中，这样可以使圆球膨胀得更大，最后炸至表面颜色变漂亮即可。

豆沙煎软糍

配方　56个

面团　成品约680克

＊以下使用672克。

- 澄粉56克
- 热水70克
- 水140克
- 椰奶（罐头）50克
- 炼乳25克
- 糯米粉225克
- 砂糖75克
- 猪油47克

豆沙馅448克

白芝麻适量

椰子粉（已经预处理，见第356页）适量

油适量

【制作面团】

1. 在搅拌盆中放入澄粉，放入锅中隔水加热至温。将滚烫的热水一口气倒入搅拌盆中，用擀面杖快速搅拌。趁热充分揉匀。

2. 在小号搅拌盆中倒入水和炼乳，充分混合。

3. 在另外一个搅拌盆中混合糯米粉和砂糖。倒入步骤2的混合物充分混合。接着分多次加入步骤1的面团，揉匀后混入猪油，放入冰箱冷藏让面团变紧致。

【加工】

4. 将面团揉成长条，切分为每份12克的小面团，用手将小面团搓成直径3～4厘米的碗状面皮（见第20页，团子）。在面皮上盛放8克豆沙馅，包成"圆球形"（见第26页），接着在圆球上方沾上白芝麻，然后调整成圆柱形，最后用大火蒸约4分钟。

5. 在平底锅里倒入少许油，用小火煎沾芝麻的那面，直至颜色变金黄。

6. 煎好后从锅中盛出，另外一面沾上椰子粉即可。

榄仁椰汁年糕

配方　1个长方形烤盘（14厘米×11厘米、高4.5厘米）

＊准备1片吸油纸（14厘米×11厘米）。

面团

┌ 糯米粉115克
│ 澄粉75克
│ 椰奶粉（见第357页）50克
│ 花生油15克
│ 【焦糖】
│ 砂糖115克
│ 水200克
│ 【椰奶混合物】
│ 椰奶（罐头）200克
│ 无糖炼乳100克
└ 炼乳20克

橄榄仁（见第357页，需要煮，见第11页）40克

搅拌好的蛋液 适量

油少量

【制作面团】

1. 在锅中放入砂糖，熬成焦糖状。加入配方中的水化开糖，然后一直熬煮至200克即可。

2. 在搅拌盆中混合椰奶混合物的食材。

3. 在另外一个搅拌盆中倒入糯米粉和椰奶粉一起混合，然后一边倒入步骤2的椰奶混合物一边用刮刀搅拌至没有疙瘩。

4. 在步骤3的搅拌盆中倒入步骤1的焦糖和花生油，用刮刀搅拌（图a）。

5. 将步骤4的混合物放入锅中隔水加热的同时，用刮刀搅拌（图b），一直加热到用手指在刮刀上画画可以留下痕迹的浓度即可。

【加工】

6. 在长方形烤盘中铺上吸油纸，倒入步骤5中的面糊。倒完后，在面糊表面撒上橄榄仁，蒸约2小时。蒸好后，封上一层保鲜膜模，直接放凉再放入冰箱冷藏一晚。

7. 从冰箱中取出脱模后，将年糕切成一口能咬掉的大小。在年糕的底部和侧面刷上蛋液，放入倒了少许油的平底锅中煎一下再享用。

a　　　　b

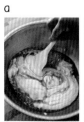

木莓雪媚娘

配方　20个

糯米面团　成品约330克

*以下使用其中的160克。

- 糯米粉（台湾产，见第356页）125克
- 澄粉12.5克
- 砂糖50克
- 猪油7克
- 水150克

馅料

- 木莓60个
- 奶黄馅（见第251页）30克

【打发奶油】

*以下使用其中的400克。

- 鲜奶油450克
- 砂糖60克

干粉（马铃薯淀粉）适量

【制作面团】

1. 先在搅拌盆中混合糯米粉和猪油等食材，然后倒入配方中的水搅拌均匀。

2. 在搪瓷烤盘中铺入保鲜膜，刮入步骤1中的面糊，再盖上一层保鲜膜，用大火蒸约15分钟。

3. 蒸好后趁热揉面，揉充分后将面团搓成长条，再用保鲜膜盖住。

【制作馅料】

4. 打发奶油。在搅拌盆中倒入鲜奶油，再将搅拌盆放入冰水中，然后用打蛋器打发奶油。当奶油变细腻后，加入糖粉继续打发。打发好后放入冰箱中冷藏。

*鲜奶油中若加入砂糖打发，打发后的奶油较软。

5. 将奶黄馅放入裱花袋或者裱花纸筒中，1个木莓中挤入0.5克奶黄馅（图a）。

【加工】

6. 将面团切分成每份8克的小面团，把沾了干粉的小面团擀成直径约7厘米的圆形面皮（见第21页A）。在面皮上盛放3个步骤5的木莓和20克打发的奶油（图b），包成"鸟笼形"（见第24页）。

*最好使用保鲜膜的芯来擀面，而不是擀面杖。

7. 将封口朝下，放入冰箱中冷藏。

荔枝雪媚娘

配方　40个

面团

- 糯米面团（见第212页）320克
- 木莓酱6克

荔枝奶油

- 奶黄馅（见第251页）70克
- 荔枝利久酒15克
- 鲜奶油350克
- 糖粉45克

豆沙馅320克

干粉（马铃薯淀粉）适量

【 制作面团 】

1. 从320克面团中取出40克，与木莓酱混合成红色面团，分成40等份。剩下的280克面团作为白色面团，同样分成40等份。切分好的红白面团合起来分别为8克。

【 制作荔枝奶油 】

2. 在奶黄馅中加入荔枝利久酒，搅拌均匀。

3. 在搅拌盆中倒入鲜奶油，再将搅拌盆放入冰水中，然后用打蛋器打发奶油至细腻，再倒入糖粉继续打发。最后倒入步骤2的奶黄馅打发，打发好后放入冰箱冷藏。

【 加工 】

4. 将步骤1沾了干粉的面团擀成直径约7厘米的圆形面皮（见第21页A），在面皮上盛放12克步骤3的荔枝奶油和8克豆沙馅，包成"鸟笼形"（见第24页）。

※最好使用保鲜膜的芯来擀面，而不是擀面杖。

5. 放入冰箱中冷藏。

朱古力糯米糍

配方　40个

面团　成品约450克

- 糯米粉100克
- 澄粉50克 ｜ 混合糯米粉和猪油
- 砂糖60克
- 猪油25克
- 水200克
- 木莓酱40克

龙眼（新鲜，见第357页）40个

巧克力10个

＊使用费列罗公司的费列罗巧克力。

椰子粉（已经预处理，见第356页）适量

【制作面团】

1. 在混合好的粉类和猪油中分多次加入配方中的水，混合均匀，最后变成如酸奶般易于流动的面糊。取60克面糊与40克木莓酱混合，制成红色面糊。余下的面糊留做白色面糊。

2. 在搪瓷烤盘中铺上保鲜膜，先倒入步骤1的白色面糊，再像点斑点一样倒入红色面糊，最后盖上保鲜膜，用大火蒸约8分钟。

3. 蒸好后去除余热，从一侧开始卷成长条，再用保鲜膜卷起包住。

【加工】

4. 将龙眼切半去皮去核，巧克力分为4等份并分别搓圆，夹入切开两半的龙眼中（图a）。

5. 将步骤3的面团切分成约每份8克的小面团，用擀面杖擀成直径约6厘米的圆形面皮（见第21页A）。用面皮裹入步骤4包成"圆球形"（见第26页），在圆球表面撒满椰子粉，冷藏后再享用。

a

▶若使用其他巧克力，需要龙眼核2～3倍大的量。

元宵

配方　29个

面团　成品约580克

- 糯米粉300克
- 砂糖15克
- 水240克
- 猪油30克

松子枣泥馅（见第270页）435克

油适量

【制作面团】

1. 在搅拌盆中倒入糯米粉和白砂糖，接着倒入配方中的水搅拌，再加入猪油揉匀，取出用保鲜膜包住，放入冰箱冷藏。

【加工】

2. 将松子枣泥馅揉成每份15克的圆球。

3. 将面团切分成每份20克的小面团，用手将小面团抻成直径4～5厘米的碗状面皮（见第20页，团子），在面皮上盛放馅料，包成"圆球形"。包好后盖上拧干水分的湿布，以防表面变干。

4. 将步骤3的圆球放入漏网中，然后放入约150摄氏度的油锅中，随着油温逐渐上升炸至通透。待圆球表面变硬，捞起圆球并用汤勺轻轻敲打圆球表面至裂开。

※与其他面团相比，加水量较少，加热时面团里面的气体发生膨胀，面团裂开导致油锅里的油往外溅。捞起圆球时一定要敲开裂口。

▶元宵是元宵节（农历正月十五，会举行农历新年第一次赏月活动）时食用的点心。可以通过煮或者油炸来享用，在南方把煮的元宵叫作"汤圆"。

糯米红枣

配方　30个

红枣30小个

＊红枣（干燥，见第357页）。

糯米团子（见下方）30个
马铃薯淀粉适量

桂花糖浆

- 热水50克
  冰糖（捣碎）100克
  桂花陈酒（见第361页）50克
  蜂蜜2大匙
  桂花酱（市面销售品）½小匙

  ＊桂花酱（见第362页），洗净。

  酒酿2大匙

- ＊中国甜酒（见第293页）。

焦糖　成品约80克

- 砂糖50克
  水50克

- ＊同"榄仁椰汁年糕"的步骤1（见第211页）的要领相同，将砂糖制成焦糖状，再用水溶开。

糯米团子　成品约220克

＊以下使用其中的150克。

- 糯米粉80克
  水65克
  红薯淀粉40克
  热水40克
  砂糖7克
  猪油7克

1. 将红枣泡水一晚，使它泡发。
2. 制作桂花糖浆。在配方中的热水里加入冰糖，蒸至溶化。加入桂花陈酒和酒酿一起混合。
3. 取步骤2适量的糖浆，并用糖浆⅓的热水（配方外）稀释它，接着将步骤1的红枣放入稀释后的糖浆中，蒸软即可。

【 制作糯米团子 】

4. 将糯米粉和配方中的水倒入搅拌盆中搅拌。
5. 在另外一个搅拌盆中倒入红薯淀粉，接着倒入配方中的热水，用筷子快速搅拌至发黏。
6. 将步骤4和步骤5两种面糊，还有砂糖和猪油混合均匀，最后分别揉成一个约5克的圆球。

【 加工 】

7. 纵向划开红枣，取出红枣核后，往里面撒入马铃薯淀粉。将步骤6的糯米团子完好地塞进红枣里面，用大火蒸3～4分钟（图a）。
8. 往锅里倒入适量的糖浆（步骤2）和焦糖，稍微熬一下，再倒入步骤7的成品煮一下即可。可以趁热或者冷藏后再享用。

a

驴打滚

配方　1条26厘米长

＊准备1个浅口搪瓷烤盘（20厘米×26厘米）
　和1片吸油纸（20厘米×26厘米）。

面团　成品约540克

┌ 糯米粉250克
└ 水314克

馅料　成品约480克

┌ 豆沙馅435克
│ 桂花酱（市场销售品）18克
│ ＊桂花酱（见第362页），洗净。
└ 蜂蜜35克

黄豆面200克

＊干锅炒热。

油少量

【制作面团】

1. 用配方中的水溶开糯米粉。

2. 在搪瓷烤盘中铺入吸油纸，并在吸油纸上刷一层薄油。将糯米粉倒入烤盘中，刮匀后用大火蒸约10分钟。蒸好后放凉。

【加工】

3. 制作馅料。在豆沙馅中混入桂花酱和蜂蜜。用保鲜膜上下夹住馅料，擀成19厘米×25厘米后放入冰箱冷冻。

＊只需表面冻硬，易于操作即可。

4. 在台面上撒上黄面粉。一边撕开贴在步骤2面团上的吸油纸，一边将面团长边横向放在黄面粉的上方。将撕掉保鲜膜的馅料放在面团上，从身前开始卷起面团。卷好后，依次切成3厘米宽的块状。

▶因卷有馅料的糯米面团沾满了黄豆面，模样像极了在沙子中打滚的野驴，因此得名驴打滚。驴打滚原本是回族的点心。

脆皮咸饼

配方 20个布丁模（直径3.5厘米）的份量

＊准备40个模具。

面团 成品约280克

- 糯米粉130克
  水120克
  盐1克
  葱油（见第365页）15克
  虾米（需要泡发，见第358页）7克
  ＊切小块。
- 葱（切葱花）10克

馅料 成品约215克

＊以下使用其中的200克。

- 潮州蒸饺馅（见第267页）200克
  潮州辣椒油15克
- ＊潮州辣椒油（见第364页）。

葱油适量

黑芝麻适量

【制作馅料】

1. 在潮州蒸饺馅中混入潮州辣椒油。

【制作面团】

2. 在糯米粉中加入配方中的水揉匀，接着倒入盐和葱等食材混合均匀，制成面团。

【加工】

3. 将步骤2的面团切分成40个小面团，每个7克。

4. 给40个模具都刷上一层薄薄的葱油，将面团放入模具中，用手指往下按面团的中间位置，使面团紧贴在模具上，中间有处凹陷。

5. 将10克馅料放到步骤4一半的模具（20个）中，剩下的20个模具反扣在放了馅料的模具上方。用手按压超出上下模的面团，并在上面沾满黑芝麻。

6. 放入预热好的烤箱中，用200摄氏度烘烤约7分钟后，翻面再烤约5分钟即可。

7. 从烤箱中取出来后，立即往咸饼的表面喷水并脱模。

无花果黑芝麻糕

配方　3个长方形烤盘（12.5厘米×7.5厘米、高4.5厘米）

＊准备3片（12.5厘米×7.5厘米）吸油纸。

无花果干12个
核桃利久酒适量
黑芝麻（一次研磨，见第81页）187.5克
糕粉（见第356页）42.5克
黑糖40克
水（汤水）50克
马拉糕面团（见第79页）蒸70克

＊在蒸屉中捣碎。

黄油（恢复常温）25克
香油12克

洋菜膏　成品约270克

┌ 洋菜粉（见第363页）1.5克
│ 水60克
│ 椰奶（罐头）150克
│ 砂糖30克　　　　　混合椰奶和
│ 炼乳15克　　　　　无糖炼乳
└ 无糖炼乳75克

1. 无花果蒸约30分钟后，分成2～3等份，放入核桃利久酒中泡一晚。
2. 将黑芝麻和砂糖等食材和配方中的汤水混合在一起（图a）。接着倒入捣碎的马拉糕面团、黄油和芝麻油，混合均匀。
3. 将沥干水分的步骤1的无花果混合入步骤2的面糊中（图b）。
4. 将步骤3的混合物倒入铺了吸油纸的长方形烤盘中并刮平，然后放入冰箱中冷藏至面糊凝固。
5. 制作洋菜膏。在碗里倒入洋菜粉和配方中的水，一起蒸至洋菜粉溶化。然后将碗里的液体倒入锅中，加入剩下的食材，煮沸后过滤放凉。
6. 将步骤5中做好的洋菜膏倒入步骤4的面糊中，待冷藏凝固后，切成一口大的尺寸即可。

a 　b

桂花番薯糕

配方　2个长方形烤盘（12.5厘米×7.5厘米、高4.5厘米）

＊准备2张吸油纸（12.5厘米×7.5厘米）。

桂花番薯（见第81页）375克

黄油（恢复常温）100克

马拉糕面团（见第79页）蒸30克

＊在蒸屉中捣碎。

砂糖50克

糕粉（见第356页）10克

水（汤水）60克

橘皮（切成5毫米方块）20克

果冻

┌ 水120克

│　黄冰糖（见第364页，捣碎）30克

│　桂花陈酒（红色，见第361页）4大匙

│　桂花酱（市场销售品）2小匙

│　＊桂花酱（见第362页），洗净。

└ 鱼胶片（泡发，见第363页）12克

1. 将250克的桂花番薯捣成泥，125克带皮切成2厘米宽的方块。

2. 将步骤1的番薯泥同黄油、捣碎的马拉糕面团一起混合。

3. 在步骤2的混合物中加入砂糖和糕粉，溶到一起后，倒入配方中的汤水。

4. 接着加入橘皮和步骤1的番薯块，大致混合一起。

5. 将前4个步骤所有的混合物倒入铺了吸油纸的长方形烤盘中并刮平，放入冰箱冷藏至凝固。

6. 制作果冻。在搅拌盆中倒入配方中的水、黄冰糖，一起蒸至糖溶化。再加入桂花陈酒和鱼胶片等食材。混合至黏稠后放凉。

7. 在步骤5成型的糕中倒入步骤6的果冻，放入冰箱冷藏凝固后，切成一口能吃掉的尺寸即可。

牛肉虾仁肠粉

配方　14人份

＊准备带边的铁盘（24厘米×35厘米），或者厚
搪瓷烤盘也可以。

肠粉面糊　约1250克

＊以下使用其中的1050克（7屉的份量）。

- 大米（灿米）300克
- 水700克
- 玉米淀粉30克 ┐
- 马铃薯淀粉30克 │
- 澄粉30克 ├ A
- 砂糖7.5克 │
- 盐7.5克 │
- 水100克 ┘

馅料　成品约620克

- 牛肉馅（见第242页）400克
- 水180克
- 沉淀马铃薯淀粉（见第11页）40克
- 芝麻油8克

虾仁（已经预处理，见第258页）56只

＊同"冬菜韭菜饼"（见第200页步骤1）一样，
需要预先调味。

肠粉酱汁（见第366页）适量

【制作面糊】

1. 将大米洗干净泡一晚上（用水量未含在配方中）。

2. 将步骤1的大米和配方中700克水一起放入搅拌器中，搅拌好后用筛网过滤米
   水。总共需要1060克，若量不足，则加水。

3. 混合A中所有食材，再倒入步骤2中已处理过的大米。

【加工】

4. 在牛肉馅中拌入水和芝麻油等食材，制作馅料。用6～7分火候煮虾米。

5. 在蒸架中放入铁盘，均匀地倒入150克混合好的面糊（图a）。盖上锅盖蒸约1分
   钟。面糊表面凝固后，在最里侧和中间朝身体前一点的位置分别放入40～45克
   牛肉馅和4只虾（如图b）。

6. 将蒸好的面糊平均分成两份，用刮板分别从里往前（身前）卷（图c）。卷好后，
   切成便于享用的大小。将肠粉盛入碟中，再浇上温热的肠粉酱汁。

▶在中国有着"北面南饭"的说法，在广州，有许多用大米加工的食品，比如肠粉、
沙河粉和米粉等。

a   b   c

腊味芋头糕

配方　1个长方形烤盘（14厘米×11厘米、高4.5厘米）

＊准备1张吸油纸（14厘米×11厘米）。

芋头（见第163页）180克
腊肠（已经预处理，见第359页）90克
虾米（需要泡发，见第358页）75克
粘米粉125克
澄粉25克
盐7克
砂糖14克
五香粉2克
水600克
花生油50克
油适量

餐桌上的调味料

辣椒酱适量

＊辣椒酱（见第362页）。

1. 将芋头去皮，取其中150克切成1.5～2厘米的方块，用水洗干净。
2. 将腊肠纵向切半，再切成薄片。将虾米切小。
3. 接下来就按照制作"萝卜糕"的要领来操作。在搅拌盆中倒入粘米粉和五香粉等食材，再倒入配方中150克水一起搅拌。
4. 加热锅里的花生油，油热后倒入腊肠和虾米炒香。接着加入芋头和余下的450克水，煮至沸腾。
5. 将沸腾的步骤4的食材倒入步骤3的搅拌盆中，用擀面杖快速搅拌。搅拌至没有沉淀物的浓稠度。若面糊还比较稀，则隔水加热提高它的浓稠度。
6. 将步骤5的面糊倒入铺了吸油纸的长方形烤盘中并刮平，蒸约1小时。蒸好后封上保鲜膜直接放凉。
7. 将步骤6中蒸好的面糊切成1厘米宽，放进倒了少许油的平底锅中，煎制两面。煎好后，配上餐桌上的调味料享用。

煎肠粉

配方　12人份

※准备带边的铁盘（24厘米×35厘米），或者厚搪瓷烤盘也可以。

肠粉面糊（见第222页）1200克（6屉的份量）

葱绿60克

虾米（需要泡发，见第358页）60克

韭黄30克

新鲜红辣椒1个

肠粉酱汁（见第366页）适量

油少量

预先准备韭黄、新鲜红辣椒的调味料

- 二汤（见第364页）300毫升
- 盐½小匙
- 砂糖⅓小匙
- 姜酒（见第366页）½小匙
- 花生油少量

1. 将葱绿和虾米切碎，韭黄切成3厘米长，新鲜红辣椒切圆片。
2. 在蒸架中放入铁盘，均匀地倒入200克混合好的面糊。在面糊上撒入葱绿和虾米，盖上盖子蒸约1分钟。
3. 横向摆放蒸好的面糊的长边，纵向对半分，用卡板分别从长边那侧开始卷起。卷好后切成6～7厘米长即可。
4. 用预先准备好的调味料煮韭黄和新鲜红辣椒。
5. 在锅中倒入少许油，两面煎步骤3的肠粉。
6. 将煎好的肠粉盛入碟中，点缀上韭黄和新鲜红辣椒，再浇上温热的肠粉酱汁。

▶肠粉是大众化的点心。它可以用XO酱、虾酱和沙茶酱（见第362页）来炒，或者煎好后浇汁。

蜂巢芋角

蜂巢莲蓉栗子

番薯软饼

红苕豆饼

蜂巢芋角

配方　20个

芋角面团（见第162页）400克
芋角馅（见第250页）240克
油适量

1. 将面团擀成长条，切分成每份20克的小面团。用手将小面团捭成直径6厘米的碗状面皮（见第20页，团子）。
2. 将盛有12克馅料的面皮对折，用手指轻捏面皮边缘封口，制成"橄榄球形"（见第32页）。
3. 将包好的成品错开放入漏网中油炸（见第164页）。

蜂巢莲蓉栗子

配方　20个

芋角面团（见第162页）300克
莲蓉馅100克
新鲜板栗5个
山楂条（见第358页）适量
油适量

1. 将板栗去壳去皮，再用大火蒸约1分钟。蒸好后，1个分4等份。
2. 每5克莲蓉馅包入1份板栗。
3. 将山楂条切成细长条，取20条。
4. 将面团擀成长条，切分成每份15克的小面团。用手将小面团捭成直径约4厘米的碗状面皮（见第20页，团子），在面皮中放入1个步骤2的馅料，包成"圆形"（见第26页），再调整成啤梨的形状。
5. 将包好的成品错开放入漏网中油炸（见第164页）。
6. 炸好后，用竹签在成品的顶部插一个洞，将山楂条插入洞中即可。

番薯软饼

配方　54个

＊准备月饼模具（内径4.3厘米、高3.4厘米）。

番薯面团　成品约820克

＊以下使用其中的810克。

　┌ 番薯约650克
　│ 糯米粉（台湾产，见第356页）150克
　│ 砂糖5克
　│ 水150克
　└ 花生油15克

馅料…成品约380克

＊混合以下两种食材制成，使用其中的378克。

　┌ 豆沙馅355克
　└ 黑芝麻（三次研磨，第81页）25克
　油适量

【 制作面团 】

1. 将蕃薯切成2厘米宽的圆片，大火蒸熟后去皮，再用筛网过滤，取其中的500克。
2. 在搅拌盆中放入糯米粉和砂糖，加入配方中的水混合均匀。接着加入花生油和步骤1的番薯，充分混合后放入密封袋中，再放入冰箱冷藏。

【 加工 】

3. 将面团擀成每份15克的小面团，用手将小面团抻成直径3～4厘米的碗状面皮（见第20页，团子）。在面皮中放入7克馅料，包成"圆球形"（见第26页）。
4. 将收口朝上的步骤3的"圆球"放入涂了一层薄油的模具中，按压成形。
5. 用大火蒸约4分钟，再放入预热好的烤箱中，用230摄氏度烘烤至表面颜色金黄。

红苔豆饼

配方　33个

豌豆面团　成品约500克

＊以下使用其中的495克。

　┌ 番薯约400克
　│ 豌豆约130克
　│ 糯米粉（台湾产，见第356页）50克
　│ 吉士粉（见第356页）18克
　│ 热水37.5克
　└ 黄油（恢复常温）20克
　枣泥馅264克
　蛋白、白芝麻分别适量
　马铃薯淀粉适量
　油适量

【 制作面团 】

1. 将蕃薯切成2厘米宽的圆片，大火蒸熟去皮，再用筛网过滤，取其中的300克。
2. 先将豌豆煮熟，接着干炒，再用筛网过滤，取其中80克。
3. 在搅拌盆中混合糯米粉和吉士粉，倒入配方中的热水后，用擀面杖快速搅拌。接着拌入步骤1的番薯和步骤2的豌豆，最后拌入黄油。
4. 混合均匀后放入密封袋中，再放进冰箱冷藏至凝固。

【 加工 】

5. 将步骤4的面团擀成长条，切分成每份15克的小面团，用手将小面团抻成直径3～4厘米的碗状面皮（见第20页，团子）。在面皮中放入8克馅料，包成"圆球形"（见第26页），再调整成直径2厘米、高2.5厘米的圆柱形。
6. 用大火蒸步骤5的成品2～3分钟，再放入预热好的烤箱中，用230摄氏度烘烤至表面颜色金黄。
7. 将步骤6成品的表面裹上少许玉米淀粉后，依次摆放在漏网上，接着放入160摄氏度的油锅中，随着油温上升，炸至酥脆即可。

红糖炸油果

农家南瓜饼

桂林马蹄糕

红糖炸油果

配方　31个

红薯面团　成品约310克
- 红薯约80克
- 糯米粉（台湾产，见第356页）160克
- 热水100克

馅料　成品约100克

＊以下使用其中的93克。

果仁的烘烤方法参照第11页
- 夏威夷果（需要烘烤）15克
- 腰果（需要烘烤）15克
- 花生（需要烘烤）15克
- 炒白芝麻25克
- 上白糖15克
- 黑砂糖15克

油适量

【制作面团】

1. 将红薯切成直径2厘米宽的圆片，用大火蒸后去皮，再用筛网过滤。取其中50克。
2. 先将配方中一半的糯米粉倒入搅拌盆中，再倒入配方中滚烫的热水，用擀面杖快速搅拌。
3. 将步骤1的红薯和步骤2的糯米粉混合揉匀。接着倒入余下的糯米粉揉匀。揉好后放入密封袋中，以防面团变干。

【制作馅料】

4. 将果仁类和炒芝麻一起切碎。接着拌入上白糖和黑砂糖，充分混合。

【加工】

5. 将面团擀成长条，切分成每分10克的小面团，用手将小面团抻成直径4厘米的碗状面皮（见第20页，团子）。
6. 在步骤5的面皮上放入3克馅料。拎起面皮间距相等的三个点朝中间靠拢，然后捏紧紧挨的面皮封口，制成"风车形"（见第32页）。
7. 将步骤6的成品放入漏网中，一起放入160摄氏度的油锅中，随着油温逐渐上升，炸至表面颜色金黄即可。

▶ "油果"指的是用油来炸的点心。最常见的是用南瓜来制作。

农家南瓜饼

配方　24个

＊准备水晶饼用的模具（25克容量）。

南瓜面团　成品约240克
- 南瓜约140克
- 砂糖25克
- 澄粉10克
- 马铃薯淀粉10克
- 奶粉10克
- 糯米粉（台湾产，见第356页）65克
- 粘米粉（台湾产，见第356页）15克

番薯馅（见第269页）360克

油适量

【制作面团】

1. 将南瓜去皮，切成2厘米方块，用大火蒸7～10分钟后，用筛网过滤。取其中110克。
2. 将步骤1的南瓜倒入搅拌盆中，接着拌入砂糖、澄粉、马铃薯淀粉和奶粉，蒸5分钟，再拌入糯米粉和粘米粉。

【加工】

3. 将面团擀成长条，切分成每分10克的小面团，用手将小面团抻成直径4～5厘米的碗状面皮（见第20页，团子），在面皮上放入15克馅料，包成"圆球形"（见第26页）。将圆球封口朝上放入刷了油的模具中，按压成形。
4. 先用大火蒸步骤3的成品3～5分钟，再用少许油煎制两面。

＊也可以不用煎制，直接享用。

桂林马蹄糕

配方　2个长方形烤盘（14厘米×11厘米、高4.5厘米）

＊准备2张吸油纸（14厘米×11厘米）。

马蹄（已经预处理，见第356页）240克

马蹄粉（见第356页）190克

水1400克

朗姆酒2大匙

砂糖480克

油适量

1. 切碎马蹄备用。
2. 用配方中200克水溶开马蹄粉，接着用网筛过滤入搅拌盆中，混入朗姆酒。
3. 在锅中倒入砂糖和余下的1200克水，开火加热。待砂糖溶化后，加入步骤1的马蹄，用中火煮约10分钟。
4. 煮沸后，一口气倒进步骤2的搅拌盆中，用木铲快速搅拌。搅拌至马蹄粉得到充分溶解（不再有沉淀）的顺滑程度。若是不够顺滑（稀状面糊）就隔水加热搅拌。
5. 在长方形烤盘中铺入吸油纸，倒入步骤4的面糊，给面糊表面做消泡处理。用大火蒸面糊约1小时。蒸好后用保鲜膜封住，放凉。
6. 脱模后切成易于享用的大小。放入刷了油的平底锅中煎制。

＊可以裹少许马铃薯淀粉再煎，也可以裹面油炸。

▶因马蹄是广州泮塘和广西桂林的特产，所以料理名常采用它的产地名。

五味西米糕

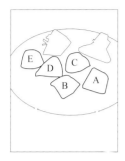

配方　各7个

※准备35片竹叶和35根灯芯草。

A 菠萝水晶饼

西米面团（见下）140克
菠萝馅（见第254页）42克

B 冬瓜水晶饼

西米面团140克
冬蓉馅（见第253页）42克

C 黑芝麻味水晶饼

西米面团140克
芝麻凉卷的馅料（见第318页）42克

D 抹茶味水晶饼

西米面团140克
抹茶味椰蓉馅（见第193页）42克

E 椰奶味水晶饼

西米面团140克
椰奶馅（见第252页）42克

西米面团　约720克
┌ 西米（干燥）150克
│ 砂糖170克
│ 马铃薯淀粉24克
└ 油14克
威化纸（直径15厘米）6张
※1张分为6等份，使用其中的35份。
油适量

1. 将A～E的馅料份成每份6克，分别揉成圆球，用切分好的威化纸包住一份馅料。

【 制作西米面团 】

2. 用充足的热水将西米煮至透明。煮好后放入浅箩筐中沥干水分，再倒入搅拌盆中，拌入50克砂糖，静置20～30分钟。

3. 将步骤2的西米挪入浅箩筐中，再静置10～15分钟，进一步控干水分。最后拌入余下的120克砂糖、马铃薯淀粉和配方中的油。

【 加工 】

4. 在刷了一层薄油的竹叶上依次放入10克步骤3的西米面团、一份馅料、再加10克西米面团，然后按照包"粽子"（见第333页）的要领包起来，稍微调整一下形状。其余都做同样操作。

5. 用大火蒸约10分钟，放凉后冷藏享用。

小窝头

配方　19个

玉米粉100克
黄面粉2克
热水110克
砂糖40克
甜板栗约40克

＊蒸熟后用筛网过滤，使用其中的30克。

泡打粉3克
桂花酱（市场销售品）适量

＊桂花酱（见第362页），洗净。

1. 制作面团。在搅拌盆中混合玉米粉和黄面粉。
2. 在锅中倒入配方中的热水和砂糖，煮沸后倒进步骤1的搅拌盆中，用擀面杖快速搅拌。
3. 放凉后，加入蒸熟并经过筛网过滤的甜板栗和泡打粉，搅拌均匀。将面团擀成长条，切分成每份15克的小面团。
4. 将小面团调整成吊钟的形状，在里侧的凹陷中填入桂花酱（图a）。
5. 在吸油纸中依次摆放入步骤4的面团，用大火蒸约10分钟。

▶1900年，慈禧太后因战火（八国联军入侵）而西行避难。在去往西安的途中，饥饿的慈禧太后在北京郊外的贯市吃到了窝窝头。回到北京后，因难以忘记窝窝头的味道而要求御膳房制作。从此以后，据说是在斋戒（控制饮食、整洁身心）时食用。

a

第5章
馅料

通过面团和馅料的组合可以制成多种点心。

仅包含有包子面团的小麦粉面团和其他粉类制成的面团等基本面团，就已经种类繁多。

馅料也分为三大种，分别是无糖的生馅（生咸馅）、无糖的熟馅（熟咸馅）和甜馅，这些种类又可以分别延伸出更多的数量。

通过不同面团和不同馅料的搭配，可以创作出丰富多彩的点心，这也是点心可以发展至今的一个原因。

我把这些组合记在心上，在这里用馅料一览表的方式呈现给大家，并分别介绍基本馅料和其他馅料的制作方法。

基本馅料，是一种基础馅料，通过基本馅料与新食材的搭配可以做出另外一种新的馅料，我也想让大家了解这样的使用方法。

馅料一览表

通过各种面团与各式馅料的巧妙组合，制作出充满魅力的点心。

这一章节按照馅料种类区分，以馅料一览表的方式向大家介绍各种馅料。

生咸馅

无糖生馅
基本馅料

牛肉馅

制作方法，见第242页
使用案例，见第69页的锅贴豉汁
牛柳包，另见第222页

鸡丝馅

制作方法，见第242页
使用案例，见第165页韭黄鸡丝
春卷，另见第343页

烧卖馅

制作方法，见第243页
使用案例，见第180页广式烧卖，
另见第124页

鱼胶馅

制作方法，见第244页
使用案例，见第183页姜葱捞水
饺，另见第350页

小笼包馅

制作方法，见第245页
使用案例，见第184页小笼包，
另见68页

虾饺馅

制作方法，见第246页
使用案例，见第196页虾饺，另
见197页、199页、202页

冬菜韭菜馅

制作方法，见第247页
使用案例，见第200页冬菜韭菜饼

其他

滑鸡馅

制作方法，见第255页
使用案例，见第54页瑶柱草菇滑
鸡包

咖喱鸡包馅

制作方法，见第256页
使用案例，见第55页咖喱鸡包

山东包馅

制作方法，见第257页
使用案例，见第60页山东包

天津生肉包馅

制作方法，见第257页
使用案例，见第60页天津生肉包

韭菜酥油饼馅

制作方法，见第258页
使用案例，见第137页韭菜酥油饼

水饺馅

制作方法，见第258页
使用案例，见第166页成都水饺

灌汤饺馅

制作方法，见第259页
使用案例，见第178页鱼翅灌汤饺

黑椒肉包馅

制作方法，见第259页
使用案例，见第72页黑椒肉包

香煎葱油饼馅

制作方法，见第260页
使用案例，见第120页香煎葱油饼

黄桥酥饼馅

制作方法，见第260页
使用案例，见第130页上海风味黄
桥酥饼

云吞馅

制作方法，见第261页
使用案例，见第171页脆皮云吞

锅贴馅

制作方法，见第261页
使用案例，见第173页锅贴

猪肉三鲜锅贴馅

制作方法，见第262页
使用案例，见第174页猪肉三鲜
锅贴

瑶柱烧卖馅

制作方法，见第262页
使用案例，见第180页干蒸瑶柱
烧卖，另见201页

麻辣烧卖馅

制作方法，见第263页
使用案例，见第181页干蒸麻辣
烧卖

番茄烧卖馅

制作方法，见第263页
使用案例，见第182页干蒸番茄
烧卖

广式葱油饼馅

制作方法，见第264页
使用案例，见第172页广式葱油饼

皇冠饺馅

制作方法，见第264页
使用案例，见第198页皇冠饺子

炸酱肉包馅

制作方法，见第265页
使用案例，见第184页炸酱肉包

熟咸馅

| 无糖熟馅 |
| 基本馅料 |

叉烧馅

制作方法，见第248页
使用案例，见第55页蚝油叉烧包，另见第70页、109页、132页、209页

咸水角馅

制作方法，见第249页
使用案例，见第206页韭黄咸水角

芋角馅

制作方法，见第250页
使用案例，见第226页蜂巢芋角

| 其他 |

咖喱蟹肉馅

制作方法，见第266页
使用案例，见第203页葡汁咖喱盒，另见第122页

家乡蒸粉果馅

制作方法，见第266页
使用案例，见第196页家乡蒸粉果

潮州蒸粉果馅

制作方法，见第267页
使用案例，见第200页潮州蒸粉果，另见第219页

萝卜酥馅

制作方法，见第268页
使用案例，见第131页萝卜酥

香酥牛肉馅

制作方法，见第268页
使用案例，见第168页香酥牛肉饼

甜馅

| 甜味馅料 |
| 基本馅料 |

奶黄馅

制作方法，见第251页
使用案例，见第76页奶皮奶黄包，另见第110页、114页、128页、136页、207页、212页、213页

咸蛋奶黄馅

制作方法，见第251页
使用案例，见第56页酥皮咸蛋奶黄包，另见第123页、186页、188页

椰奶馅

制作方法，见第252页
使用案例，见第66页椰奶荔枝包、第114页酥皮椰丝挞，另见第235页、316页

椰蓉馅

制作方法，见第252页
使用案例，见第127页椰堆酥，另见第192页

冬蓉馅

制作方法，见第253页
使用案例，见第136页潮州老婆酥饼，另见第76页、111页、188页、234页

菠萝馅

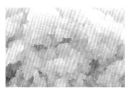

制作方法，见第254页
使用案例，见第116页，另见73页、204页、234页

芝麻馅

制作方法，见第254页
使用案例，见第207页麻蓉糯米糍，另见第318页

其他

五仁馅

制作方法，见第269页
使用案例，见第108页五仁甘露酥

番薯馅

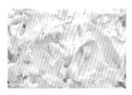

制作方法，见第269页
使用案例，见第117页番薯酥，另见232页

五仁火腿月饼馅

制作方法，见第270页
使用案例，见第185页五仁火腿月饼

松子枣泥馅

制作方法，见第270页
使用案例，见第190页松子枣泥月饼，另见第215页

黑芝麻馅

制作方法，见第271页
使用案例，见第208页擂沙圆，另见第293页

咸蛋黄馅

制作方法，见第271页
使用案例，见第64页蛋黄流沙包

岭南果王馅

制作方法，见第272页
使用案例，见第111页岭南果王派

核桃酥馅

制作方法，见第272页
使用案例，见第118页核桃酥

皮蛋酥馅

制作方法，见第273页
使用案例，见第126页五彩皮蛋酥

无糖生馅 基本馅料

牛肉馅

配方　成品约600克

牛大腿肉（绞肉）225克
猪背部肥肉（肉糜）75克
盐7.5克
小苏打3克
水225克
马铃薯淀粉55克
砂糖5克
芝麻酱4克
*芝麻酱（见第362页）。
芝麻油4克　｝混合砂糖、芝麻酱、芝麻油、生抽、蚝油和胡椒
生抽4.5克
蚝油4.5克
胡椒2克
陈皮膏（见下方）4克
*中文称作"陈皮茸"。
柠檬叶（见第360页，切细）少量
油40克

【陈皮膏的制作方法】

1. 用水泡发陈皮（图a）。刮掉陈皮内侧没有香味的白色部分，然后放入绞肉机中绞碎再蒸。一直蒸至用手捏就会碎的程度即可。
2. 倒入适量的油，放入冰箱冷藏保存（图b）。

a

b

1
在搅拌盆里放入牛肉（绞肉），固定好托盘，用高档速度搅拌成糊状。接着加入肉糜，搅拌至产生黏性即可。

2
用配方中一半的水溶解盐和小苏打，分多次加入步骤1的混合物的同时，用中档速度搅拌。每一次加水都要等到上一次加的水被充分吸收完毕，一直搅拌至产生黏性即可。

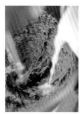

3
用余下一半的水溶解马铃薯淀粉，分多次倒入步骤2的馅料的同时持续搅拌。全部倒完后，提至高档速度，搅拌至黏滑状态。

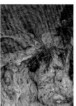

4
接着倒入砂糖、芝麻酱、芝麻油、生抽、蚝油和胡椒的混合物，用中档速度搅拌，最后倒入陈皮膏、柠檬叶和40克油，混合均匀。牛肉馅制好后放入冰箱冷藏。

鸡丝馅

配方　成品约650克

鸡腿肉100克
猪大腿肉75克
猪背部肥肉100克
虾米（已经预处理，见第258页）75克
鸡肝15克
叉烧肉（见第248页）50克
竹笋50克
西芹25克
香菇（需要泡发，见第359页）25克
火腿里脊15克
半熟的煎鸡蛋1个鸡蛋
韭黄（切成4厘米长）25克

调味料
盐7.5克
砂糖19克
绍兴酒少量
胡椒少量
生抽4克
蚝油7.5克
葱油（见第365页）10克
芝麻油4克

烧卖馅

1
将鸡腿肉、猪大腿肉、猪背部肥肉、虾米、鸡肝、叉烧肉、竹笋、西芹、香菇和火腿里脊全部切成丝状。竹笋水焯去味后沥干水分。

2
将步骤1中的鸡腿肉、猪大腿肉、猪背部肥肉和虾米放入搅拌盆中，搅拌混合至黏手。接着加入调味料中的盐、砂糖、绍兴酒、胡椒、生抽和蚝油，混合均匀。最后拌入半熟的煎鸡蛋。

3
当肉类和调味料充分调匀，开始黏手后，加入韭黄。接着加入葱油和芝麻油大概搅拌下。将混合物放入冰箱冷藏，使其紧致。

配方　成品约650克

里脊肉240克
虾米（已经预先处理，见第258页）240克
猪背部肥肉120克
香菇（需要泡发，见第359页）5克
香菜6克

＊本书中提到的里脊肉是指大里脊，也就是与大排骨相连的瘦肉。

调味料

- 马铃薯淀粉12克
  盐7.5克
  砂糖19克
  生抽4克
  胡椒少量
  芝麻酱7.5克

  ＊芝麻酱（见第362页）。

- 葱油（见第365页）37.5克

1
将里脊肉切成1.5厘米的块状；取一半的虾米分成3等份，另一半虾米用刀轻轻拍扁；猪背部肥肉和香菇切成5毫米的丁状；香菜切碎。

2
将里脊肉放在搅拌器的搅拌盆中，用中速或高速的速度搅拌。待肉块被搅碎，搅拌盆的盆壁出现皮膜时，加入马铃薯淀粉继续搅拌。

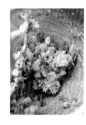

3
接着加入步骤1的虾米以及盐，搅拌至黏手。

＊加入猪肉与虾米，使肉与虾的碎片的混合物成为烧卖的第三层味道。另外还增加了馅料的嚼劲。

4
待虾米稍微被搅碎后，加入猪背部肥肉、香菇、砂糖、生抽、胡椒和芝麻酱，用低速搅拌至混合均匀。将搅拌盆从搅拌器上取下，拌入香菜和葱油即可。将混合物放入冰箱冷藏，使其紧致。

鱼胶馅

配方 成品约1千克

鲫鱼（鱼泥）400克
虾（虾泥）100克
猪背部肥肉（肉糜）100克
木耳（需要泡发，见第358页）50克

＊日本产。

葱30克
虾米（需要泡发，见第358页）70克
香菜20克
荸荠（已经预处理，见第356页）50克

调味料

- 盐11.2克
- 水150克
- 马铃薯淀粉50克
- 砂糖22克
- 胡椒少量
- 芝麻酱10克

＊芝麻酱（见第362页）。

- 陈皮膏（见第242页）5克

1

将木耳切成1厘米长的细丝，葱、虾米、香菜和荸荠切碎。

2

将盛放鲫鱼（鱼泥）的搅拌盆安装在搅拌机上，用中速或高速搅拌。

3

搅拌后，倒入盐搅拌至产生黏性。分多次加入配方中的水和马铃薯淀粉。待每一次水分都被充分吸收后再接着倒水。若一次性倒水过多，混合物将会变软。

4

倒入虾（虾泥）、猪背部肥肉、砂糖、胡椒、芝麻酱和陈皮膏，继续搅拌。

5

将搅拌盆从搅拌机上取出，拌入虾米、木耳、荸荠、香菜和葱，用铲子粗略搅拌混合。混合后放入冰箱冷藏使其充分入味。

▶ 在广东，有用鲤科鱼类的鲮鱼制作的基础馅料。

小笼包馅

配方

肉皮冻 约25个，1个10克

※准备长方形烤盘（14厘米×11厘米、高4.5厘米）。

- 猪皮75克
- 二汤（见第364页）200克
- 生姜皮适量
- 葱绿部分适量

猪肉馅 成品约525克

- 五花肉150克
- 里脊肉100克
- 葱（切葱末）2大匙
- 生姜（切成碎末）2小匙

【调味料】

- 盐1小匙
- 绍兴酒1大匙
- 葱姜水3大匙

※在水中揉搓葱绿部分和生姜皮，让它们的香气溶入水中。

- 生抽1大匙
- 胡椒少量
- 二汤150克
- 葱油（见第365页）1½大匙
- 芝麻油1小匙

制作肉皮冻

1
将猪皮用热水煮约10分钟。由于需使用猪皮的胶质，所以煮好后应将猪皮内侧的白色脂肪仔细切干净。最后切成1厘米宽的块状。

2
先在盆中倒入二汤、步骤1的猪皮、生姜皮和葱，然后用保鲜膜包住，避免多余的水分进入，大约蒸2小时至猪皮变软（图片为蒸煮的食材）。

3
蒸好后，用滤网过滤分离出猪皮和液体。待液体降温后倒入模具中，放入冰箱冷藏使其凝固。

4
如左图，将肉皮冻切分成每个为10克左右的块状。若想肉皮冻的味道更醇厚些，则将步骤3的猪皮放入搅拌机中搅拌，然后放凉使其凝固即可（如左图白浊状物体）。

制作猪肉馅

5
用刀将五花肉和里脊肉剁成肉末。将肉末、葱和生姜放入搅拌盆中，然后依次倒入调味料中的盐、绍兴酒、葱姜水、生抽、胡椒和二汤，混合均匀。

6
待调味料被肉末吸收，拌入葱油和芝麻油，增添一番香味。最后放入冰箱冷藏一晚，使其充分入味。

※肉末吸收水分后，制成的馅料口感紧致。

成形时

在一份猪肉馅上盛放1个肉皮冻，制成馅料。

※根据不同点心来调整肉皮冻和馅料的重量。

肉皮冻

肉皮冻可以说是凝固的肉皮膏，由猪皮、琼脂和明胶加水熬成汤汁后凝固而成。在各种馅料中添加肉皮冻可以使馅料增添一番风味且口感多汁。可将制成的肉皮冻，按照用途切分成所需大小、冷冻保存即可。它不光可以切成方块状，也可以切碎溶入馅料中，还可以加到汤水或调味汁中。由于不同的凝固剂凝固的特性也不同，所以制作时应考虑要使用的时间点以及点心的特性。

虾饺馅

配方　成品约850克

虾（已经预处理，见第258页）490克
猪背部肥肉112克
竹笋300克

调味料

葱油（见第365页）50克

马铃薯淀粉10克

盐10克

砂糖12克

生抽1小匙

胡椒少量

芝麻酱4克

＊芝麻酱（见第362页）。

芝麻油2小匙

陈皮膏（陈皮茸，见第242页）1克

1

将虾分为两等份，猪背部肥肉切成5毫米块状。将竹笋切成2厘米长的细丝后水煮去味，充分拧干竹笋的水分后，取150克备用。

2

在步骤1的竹笋中拌入调味料中的葱油，然后放入冰箱冷藏，使其堆成堆。

＊由于澄粉面团的水分较少，所以可以吸附住竹笋的油脂，抑制水分的产生。

3

将盛放有虾的搅拌盆安装在搅拌机上，用高速将虾搅碎至产生黏性为止。

4

将速度调整为中速，加入玉米淀粉和盐继续搅拌，再依次加入猪背部肥肉和剩余的调味料进去搅拌。

5

搅拌均匀后，将搅拌盆从搅拌机上取下，倒入竹笋，用铲子搅拌混合。最后放入冰箱冷藏使其入味。

冬菜韭菜馅

配方　成品约510克

里脊肉（绞肉）100克
五花肉（绞肉）100克
荸荠（已经预处理，见第356页）40克
木耳（需要泡发，见第358页）20克
韭菜170克
葱（切成葱花）40克
生姜（切成碎末）6克
炸蒜蓉（见下边）10克

调味料

盐3克
马铃薯淀粉10克
砂糖7克
胡椒少量
冬菜酱（见下方）80克
葱油（见第365页）8克
芝麻油10克

1
用刀腹将荸荠拍扁后剁碎。将木耳切成2厘米长的细丝。韭菜切碎后用油炒出香味，放凉备用。

2
将里脊肉和五花肉放入搅拌盆中，揉至产生黏性。接着倒入调味料中的盐和马铃薯淀粉继续揉，最后拌入砂糖和胡椒。

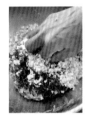

3
继续混入荸荠、木耳、葱和生姜。

4
接着拌入炸蒜蓉、冬菜酱和韭菜。最后拌入葱油和芝麻油，放入冰箱冷藏，使其入味。

【 冬菜酱的制作方法 】——
用咸菜制作的酱

配方

天津冬菜（见第359页）125克
生姜3克
芹菜3克
新鲜红辣椒3克
芝麻油12克
花生油35克
马铃薯淀粉10克

1. 用清水将天津冬菜洗净。将天津冬菜、生姜、芹菜和新鲜红辣椒切小。
2. 将所有食材倒入搅拌盆中，用大火蒸约15分钟。

※若新鲜红辣椒不够辣的话，则可加入同类辣椒（或者辣椒油）。将冬菜酱加入饺子、云吞、烧卖和包子等馅料中，可以增添一番味道。

【 炸蒜蓉的制作方法 】

将蒜末用水洗过后，再用相同份量的油来油炸制成。用来调味或是制作酱汁，以增添一番风味。

叉烧馅

配方　成品约720克

叉烧肉　成品约360克

- 梅花肉（若没有则用里脊肉代替）600克
  - 盐3.7克
  - 砂糖15克
  - 老抽适量
  - 生抽14克
  - 胡椒少量
  - 绍兴酒28克　　混合均匀
  - 面豉酱（见第361页）5克
  - 炸蒜蓉（见第247页）2克
  - 芝麻油少量
  - 芝麻酱3.5克

＊芝麻酱（见第362页）。

食用色素（红色）适量

叉烧酱　成品约360克

- 花生油60克
  - 亚实基隆葱（切薄片）1小个
  - 低筋面粉10克
  - 砂糖50克
  - 盐2克
  - 胡椒少量
  - 蚝油22克　　混合砂糖、芝麻酱、
  - 生抽12克　　芝麻油、生抽、
  - 老抽12克　　蚝油和胡椒
  - 玉米淀粉15克
  - 马铃薯淀粉10克
  - 水300克
  - 食用色素（红色）适量

制作叉烧肉

1
将梅花肉切成1.5～2厘米厚，用清水冲洗后沥干。

2
将盐、砂糖、老抽、生抽、胡椒、绍兴酒、面豉酱、炸蒜蓉、芝麻油、芝麻酱和食用色素混合后，倒入梅花肉中，静置约40分钟。然后用铁串串起五花肉，放入预热好的烤箱中，用220摄氏度烘烤15～20分钟。

3
梅花肉的四周以及调味料稍微变焦后，香气扑鼻。待五花肉中心部分的火候达到八成时取出，后面就靠余热继续加热。将变焦的部分切掉即可。

制作叉烧酱

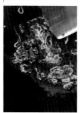

4
用花生油慢慢炒香切薄的亚实基隆葱。待颜色变成茶色后则可以关火捞出。

＊若没有亚实基隆葱，可以用洋葱或者葱绿替代

5
将低筋面粉倒入步骤4的锅中，用余油的余温继续炒，去掉粉味。接着倒入混合好的砂糖、盐、胡椒、蚝油、生抽、老抽、玉米淀粉、马铃薯淀粉、水和食用色素，开火加热。

6
用小火加热勾芡至混合物粘在锅壁上，用手动打蛋器慢慢搅拌。然后盛出，用保鲜膜密封以免表面变干，放凉备用。

加工

7
先将叉烧肉切成约1厘米的块状，再将小块切成薄片。将叉烧肉与叉烧酱以1：1的比例混合。放入冰箱冷藏，使其入味。

▶ 叉烧酱是用来混合馅料的调味液。详细可以参照【主要的调味汁种类】（见第16页）。

◎专栏

点心用的叉烧肉

　　在粤菜餐厅中，负责前菜的分有三个部门，分别是"烧烤卤味部门"、负责菜肴的"中菜部门"和"点心部门"。其中负责烤制叉烧肉的则是烧烤卤味部门。每天早上，烧烤卤味部门会用十几种调味料和香辛料腌制里脊肉来烤制。烤好后，会先将预约好的份量分配给中菜部门，剩余的会裹上麦芽饴糖，提供给前菜部门做"蜜汁叉烧肉"。当天销售后的剩余部分，第二天早上会重返厨房，水煮去糖后，用在菜肴中。

　　由于点心部门会将叉烧肉切小，与其他材料混合制成馅料，所以一般会使用较便宜的五花肉来制作。整个过程只有烤制环节是在烧烤卤味部门。

咸水角馅

配方　成品约700克

猪大腿肉45克
鸡腿肉45克
虾（已经预处理，见第258页）120克
猪背部肥肉60克
叉烧肉（见左页）75克
竹笋120克
香菇（需要泡发，见第359页）60克
韭黄（切碎）25克
生姜酒（见第366页）少量
油适量

预先准备猪大腿肉、鸡腿、虾的调味料

盐2.5克
砂糖2.5克
胡椒少量
水2小匙
马铃薯淀粉4.2克

炒调味料

绍兴酒4小匙
生抽4小匙
蚝油4小匙
二汤（见第364页）300毫升
砂糖2小匙
盐适量
胡椒少量
水溶马铃薯淀粉适量
芝麻油2小匙

1
将猪大腿肉、鸡腿肉、虾、猪背部肥肉、叉烧、竹笋和香菇切成5毫米的丁状。竹笋焯水去味后沥干备用。将猪大腿肉、鸡腿肉和虾与预先准备好的调味料混合，静置约30分钟。

2
用加了生姜酒的热水大概过一下调好味道的猪大腿肉、鸡腿肉和虾以及猪背部肥肉。

3
在锅中加热适量的油，倒入步骤2的混合物、叉烧、竹笋和香菇进去爆炒。然后倒入调味料中的绍兴酒、生抽和蚝油继续炒。

4
倒入二汤、砂糖、盐和胡椒进去调味，稍微煮一会儿后，倒入水溶马铃薯淀粉进行勾芡，最后拌入芝麻油。

5
将馅料倒入搪瓷烤盆中散热。待放凉后拌入韭黄，放入冰箱冷藏，使其入味。

芋角馅

配方　成品约900克

虾（已经预处理，见第258页）150克

猪大腿肉120克

鸡肝45克

猪背部肥肉120克

香菇（需要泡发，见第359页）60克

生姜酒（见第366页）少量

蛋散120克

油适量

预先准备虾、猪大腿肉、鸡肝的调味料

盐3.3克

砂糖3.3克

胡椒少量

蛋散少量

马铃薯淀粉5.6克

馅料的调味料

绍兴酒4小匙

生抽4小匙

蚝油4小匙

二汤（见第364页）300毫升

砂糖2小匙

盐少量

胡椒少量

老抽适量

水溶马铃薯淀粉2大匙

芝麻油2小匙

1

将虾、猪大腿肉、鸡肝、猪背部肥肉和香菇切成5毫米的丁状。虾、猪大腿肉和鸡肝与预先准备好的调味料混合，静置约30分钟。先用加了生姜酒的热水大概过一下上述所有食材，然后倒入加了两大匙油的热锅中爆炒。

2

加入绍兴酒、生抽和蚝油进去继续炒。接着倒入二汤、砂糖、盐和胡椒进去一起煮。然后倒入老抽调色，倒入水溶马铃薯淀粉勾芡，最后拌入芝麻油。关火后，倒入鸡蛋即可。

3

所有食材混合后，盛出放凉。放入冰箱冷藏，使其入味。

甜味馅料 基本馅料

奶黄馅

配方　成品约450克

砂糖120克
黄油（恢复至常温）40克
吉士粉（见第356页）10克
玉米淀粉10克
奶粉4克
糕粉（见第356页）12克
炼乳80克
无糖炼乳150克
鸡蛋60克

1
将所有食材放入搅拌盆中，用手动打蛋器搅拌至没有疙瘩。然后倒入又浅又宽大的搪瓷烤盆中，这样容易加热。

2
用大火蒸10～15分钟。待中途表面凝固后，用橡胶铲从里到外大块翻面。只需翻面，无需搅拌。蒸好后，用保鲜膜密封住放凉。最后放入冰箱冷藏，使其紧致。

◎失败案例

表面凝固前搅拌

若蒸的过程中去搅拌的话，会变得较软。所以只需翻面即可。另外，若蒸过久的话，则会变黑。

咸蛋奶黄馅

配方　成品约900克

咸蛋黄（见第359页）160克
奶黄馅的食材（见左边）全部用量
炼乳300克

1
将咸蛋黄连同奶黄馅食材中的砂糖放入食物料理机中。待砂糖被充分吸收后，再倒入奶黄馅食材中的其余食材进去继续搅拌。

2
然后加入炼奶继续搅拌。由于加了咸蛋黄后，馅料制成后会较硬，所以要加入炼奶调整软硬度。与制作奶黄馅的要领相同，将搅拌好的食材倒入搪瓷烤盆中蒸制即可。

◎要点

放凉备用

蒸好后较软，放凉后更易于使用。

椰奶馅

配方　成品约480克

砂糖150克
吉士粉（见第356页）10克
糕粉（见第356页）17克
玉米淀粉15克
炼乳40克
无糖炼乳75克
鸡蛋60克
黄油（恢复至常温）40克
椰奶（罐装）150克

1. 将所有的食材倒入搅拌盆中，搅拌至没有疙瘩。
2. 搅拌好后倒入搪瓷烤盆中。

＊倒入又浅又宽大的搪瓷烤盆中，有利于快速加热。

3. 用大火蒸10～15分钟。待中途表面凝固后，用橡胶铲从里到外大块翻面。蒸好后，用保鲜膜密封住，放凉。最后放入冰箱冷藏，使其紧致。

＊只需翻面，无需搅拌。若蒸至一半搅拌的话，蒸好的成品会变软。

椰蓉馅

配方　成品约800克

糖冬瓜（见第357页）120克
椰奶粉（见第357页）15克
杏仁粉15克
椰奶馅（见左边）375克
炼乳45克
砂糖30克
黄油（恢复至常温）20克
椰子粉（已经预处理，见第356页）140克
腰果（需要烘烤，见第11页）60克
椰子利久酒3大匙
松子（需要烘烤，见第11页）40克

1. 先用刀腹将腰果压扁，然后切碎。
2. 糖冬瓜同253页冬蓉馅的步骤1一样，应先过水去味，然后沥干备用。
3. 将步骤2的糖冬瓜切碎放入搅拌盆中。接着拌入椰奶粉和杏仁粉。
4. 拌入椰奶馅、炼乳、砂糖、黄油和椰子粉后，继续搅拌（图a）。
5. 用于制作点心时，只需拌入步骤4所需的用量和椰子利久酒以及两种坚果即可（图b）。

a

b

冬蓉馅

配方　成品约400克

糖冬瓜（见第357页）500克

水100克

蜂蜜15克

桂花酱（市场销售品）20克

＊桂花酱（见第362页）. 洗净。

糕粉（见第356页）20克

桂花陈酒（见第361页）50克

桂花酱（自制，见第362页）20克

腰果（需要烘烤，见第11页）50克

炒白芝麻6克

▶同时使用自制桂花酱和市场销售品的原因是，自制桂花酱的糖浆有着淡淡的清香，还有漂亮的花朵，可以更好地凸显市场销售品咸香的花朵味道。

1

由于糖冬瓜较硬，且它身上有着砂糖独特的味道，所以需用热水煮至表面通透，再捞出使用。

2

将步骤1的糖冬瓜沥干水分后，放入食物料理机中研磨成膏状。

3

将冬瓜、配方中的水、蜂蜜、桂花酱（市场销售品）和糕粉放入平底锅中搅拌均匀，并用中火加热。应注意若温度过高，糕粉会成团。

4

待加热至果酱状时，加入桂花陈酒一起煮。拌入桂花酱（自制）。搅拌至舀起来可以"吧嗒"落下即可。放凉后，放入冰箱冷藏，使其紧致。

5

使用前拌入磨碎的腰果和炒白芝麻即可。

菠萝馅

配方　成品约400克

黄油30克
菠萝罐头1罐

＊使用340克果肉（切碎）和227克糖浆。

砂糖50克
蜂蜜5克
菠萝利久酒20克
糕粉（见第356页）5克
椰奶馅（见第252页）90克

1
将黄油放入煎锅中加热融化，倒入菠萝果肉、糖浆、砂糖和蜂蜜，用铲子搅拌熬煮。

2
若水分过多，在制作酥饼等烤点时容易开裂，应充分熬干。

3
煮好后关火，加入菠萝利久酒。放凉后，拌入糕粉和椰奶馅。最后放入冰箱冷藏，使其紧致。

芝麻馅

配方　成品约850克

杏仁（需要烘烤，见第11页）160克
炒白芝麻110克
花生酱250克

＊不含砂糖和食盐，100%纯花生酱。

砂糖135克
黄油50克
无糖炼乳200克

1
在杏仁和炒白芝麻中分别放入绞肉机中研磨三次，变成糊状后过滤。分别取150克和100克备用。

2
将步骤1的混合物和剩余的所有食材倒入搅拌盆中，搅拌均匀。放入冰箱冷藏，使其紧致。

【 应用　用奶黄馅制作的芝麻馅 】

配方　成品约480克

炒白芝麻（三次研磨，见上述步骤1）100克
坚果糖膏（见第357页）30克
花生酱50克

＊100%纯花生酱，不使用砂糖和食盐。

奶黄馅（见第251页）300克

1
混合所有的食材，放入冰箱冷藏使其紧致。

滑鸡馅

配方 成品约480克

鸡腿肉90克
瑶柱（需要泡发，见第359页）20克
＊需要留有泡发的水。
草菇（罐装，见第356页）3个
香菇（需要泡发，见第359页）20克
竹笋20克
油菜200克
香菜（切粗段）少量
烧卖馅（见第243页）150克

预先准备鸡腿肉的调味料
- 盐⅓小匙
- 胡椒少量
- 生抽½小匙
- 蚝油⅓小匙
- 马铃薯淀粉1小匙

调味料
- 滑鸡酱（见右边）70克
- 葱油（见第365页）2大匙

1. 将鸡腿肉切成1厘米块状，拌入预先准备的调味料。将瑶柱撕开。
2. 将香菇和草菇切成1厘米块状，竹笋切成1厘米厚的薄片。草菇和竹笋焯水去味后沥干备用。
3. 将油菜切成1.5厘米长，拌入1½小匙的盐（配方用量外）静置约10分钟。接着用毛巾包住拧干水分（拧干后重约100克）（上述步骤1—3如图a）。
4. 将步骤1的鸡腿肉和撕开的瑶柱以及适量的泡发汁水一同倒入搅拌盆中混合，接着倒入步骤2的香菇、草菇和竹笋、步骤3的油菜，以及香菜、烧卖馅、滑鸡酱和葱油一起混合。最后放入冰箱冷藏，使其入味。

a

【滑鸡酱的制作方法】

配方 成品约375克

花生油100克
亚视基隆葱（切块）40克
低筋面粉20克
砂糖27克
盐16克
胡椒少量
蚝油30克 ┐ 混合砂糖、盐、胡椒、蚝油、
玉米淀粉15克 ┤ 玉米淀粉、马铃薯淀粉和水
马铃薯淀粉15克 ┘ 等食材
水300克

1. 请参照叉烧馅料（见第248页）的【制作叉烧酱】的做法来制作。区别是，步骤5中炒好低筋面粉后，倒入砂糖、盐、胡椒、蚝油、玉米淀粉、马铃薯淀粉和水的混合物。

▶ 这个酱用来给馅料勾芡。详细请参照【主要的调味汁种类】（见第16页）。

咖喱鸡包馅

配方　成品约435克

鸡腿肉125克

虾（已经预处理，见第258页）50克

洋蘑菇30克

洋葱75克

油菜170克

咖喱酱（见右侧）110克

盐、胡椒、油分别适量

调味料

- 盐1.2克
- 砂糖2.5克
- 生抽11.2克
- 蚝油13克
- 胡椒少量
- 马铃薯淀粉2.5克
- 葱油（见第365页）24克
- 芝麻油9克

1. 将鸡腿肉切成2厘米的块状。将虾分成3等份，洋蘑菇切成1厘米块状，洋葱切成5毫米块状。将油菜切成2厘米块状后，倒入1小匙盐静置约10分钟，然后用毛巾包住拧干水分。（以上为处理的材料a）

2. 用油炒洋蘑菇，然后撒入盐和胡椒后盛出。

3. 将鸡腿肉和洋蘑菇放入搅拌盆中，然后倒入调味料中的盐、砂糖、生抽、蚝油和胡椒。倒入裹了马铃薯淀粉的油菜，接着倒入洋蘑菇、洋葱、葱油、芝麻油和咖喱酱混合，最后放入冰箱冷藏1小时，使其入味。

a

【 咖喱酱的制作方法 】

配方　成品约220克

洋葱100克

黄油40克

花生油30克

豆瓣酱（见第362页）1大匙

低筋面粉10克

咖喱粉6克

姜黄根粉4克

二汤（见第364页）112克

花生酱16克

*不含砂糖和食盐，100%纯花生酱。

椰奶（罐头）36克

无糖炼乳36克

盐4克

砂糖4克

玉米淀粉8克

马铃薯淀粉6克

混合二汤、花生酱、椰奶、无糖炼乳、盐、砂糖、玉米淀粉和马铃薯淀粉等食材

1. 将洋葱切成小块后，用黄油慢慢炒香盛出。

2. 在锅中倒入花生油，油热后倒入豆瓣酱、低筋面粉、咖喱粉和姜黄根粉，用小火炒香。

3. 将步骤1的洋葱倒入步骤2的食材中炒香，接着分多次加入二汤、花生酱、椰奶、无糖炼乳、盐、砂糖、玉米淀粉和马铃薯淀粉的混合物，并加热。待勾芡后，搅拌成团关火。

4. 将成团的混合物倒入搪瓷烤盆中，用保鲜膜密封住以免混合物表面变干，放凉即可。

山东包馅

配方　成品约660克

五花肉（绞肉）300克
白菜200克
木耳（需要泡发，见第358页）30克
粉丝（需要泡发）30克
虾米（需要泡发，见第358页）20克
＊切成碎末。
大蒜（切成碎末）1小匙
葱（切花）1小匙
生姜（切成碎末）1小匙
盐、油分别适量

木耳和粉丝的调味料
┌ 二汤（见第364页）100克
│ 绍兴酒1大匙
│ 生抽1½大匙　　　　　　混合二汤、绍兴酒、
│ 胡椒少量　　　　　　　生抽和胡椒等食材
│ 水溶马铃薯淀粉⅓小匙
└ 芝麻油1小匙

五花肉的调味料
┌ 甜面酱（见第361页）2小匙
│ 生抽2大匙
│ 绍兴酒1大匙
│ 盐¼小匙
│ 胡椒少量
│ 葱油（见第365页）2大匙
└ 芝麻油1大匙

1. 将白菜切成1.5厘米宽的片状后，倒入1小匙盐混合静置约10分钟，然后用毛巾包住，将白菜的水分拧干（拧干后重量约100克）。
2. 将木耳和粉丝切成2厘米长的细丝。
3. 在锅中倒入1大匙油，倒入虾米和蒜炒香。接着倒入步骤2的木耳和粉丝、以及调味料中的二汤、绍兴酒、生抽和胡椒进去，换小火煮。待味道混合均匀后倒入水溶马铃薯淀粉进行勾芡，接着倒入1小匙芝麻油后盛出，放凉备用。
4. 将五花肉、葱和生姜倒入搅拌盆中，充分搅拌至产生黏性。将五花肉的调味料依次拌入，接着倒入步骤1的白菜和步骤3的混合物混合，最后放入冰箱冷藏一晚，使其入味。

天津生肉包馅

配方　成品约550克

五花肉（绞肉）250克
葱（切成碎末）150克
生姜（切成碎末）10克
调味料
┌ 盐2.5克
│ 生抽24.5克
│ 绍兴酒12克
│ 五香粉⅓小匙
│ 胡椒适量
│ 甜面酱（见第361页）12克
│ 二汤（见第364页）100克
│ 葱油（见第365页）20克
└ 芝麻油13.5克

1. 将五花肉、调味料中的盐、生抽、绍兴酒、五香粉、胡椒和甜面酱倒入搅拌盆中，搅拌至产生黏性。接着依次倒入二汤、葱、生姜、葱油和芝麻油继续搅拌。最后放入冰箱冷藏一晚，使其入味。

韭菜酥油饼馅

配方　成品约460克

虾（已经预处理，见下方）80克
五花肉（绞肉）120克
韭菜200克
生姜（切碎）½小匙

调味料
- 盐8克
- 砂糖16克
- 胡椒少量
- 水30克
- 生抽1小匙
- 马铃薯淀粉8克
- 芝麻油2大匙
- 葱油（见第365页）2大匙

1. 用刀将虾轻轻拍扁，然后切碎。韭菜也切碎。
2. 将步骤1的虾和五花肉放入搅拌盆中，倒入盐、砂糖、胡椒、水和生抽后，拌匀。
3. 拌入剩下的调味料。最后加入韭菜和生姜粗略混合，放入冰箱冷藏，使其入味。

虾的预处理

　　将虾去壳，取出虾肠。加入适量的盐和马铃薯淀粉，充分揉搓后，用水洗净。最后用干毛巾包住吸干水分。

使用碱水的虾的预处理

　　根据喜好，想让虾的口感更加爽口时，可用以下方法做预处理。
　　虾用盐和马铃薯淀粉洗净后，放入600克水和2小匙碱水中，静置约30分钟。在这之后，用水冲洗后再用干毛巾包住吸干水分。

水饺馅

配方　成品约350克

里脊肉（绞肉）100克
五花肉（绞肉）70克
葱（切成碎末）130克

调味料
- 盐⅓小匙
- 生抽1大匙
- 胡椒少量
- 绍兴酒1小匙
- 水35克
- 芝麻油2小匙
- 葱油（见第365页）2大匙

1. 在里脊肉和五花肉中拌入调味料中的盐后，揉至产生黏性。
2. 在步骤1的肉中加入生抽、胡椒、绍兴酒和水，进一步揉匀后，加入葱粗略混合即可。
3. 最后拌入芝麻油和葱油，放入冰箱冷藏一晚，使其入味。

灌汤饺馅

配方　成品约2100克

鱼翅（冷冻，见第358页）87.5克
虾（已经预处理，见左页）450克
鸡腿肉240克
香菇（需要泡发，见第359页）100克
蟹肉（加热）100克
瑶柱（需要泡发，见第359页）50克
芝麻油15克
葱油（见第365页）37.5克

鱼翅的预处理
- 绍兴酒适量
- 葱绿部分适量
- 生姜皮适量
- 水适量

鱼翅的调味料
- 二汤（见第364页）1200克
- 盐少量
- 砂糖少量
- 绍兴酒1小匙

肉皮冻
- 二汤1200克
- 鱼胶粉（见第363页）37.5克
- 糕粉（见第363页）10克
- 盐15克
- 砂糖30克
- 胡椒适量

1. 鱼翅解冻后，加入绍兴酒、葱和生姜皮，然后一起放入水中，用大火蒸软。再用清水进一步冲洗去腥。将鱼翅与鱼翅的调味料混合均匀后，蒸煮约20分钟使其入味。
2. 将虾分成2～3等份，鸡腿肉切成1厘米块状，香菇切成7～8毫米的丁状。
3. 撕开蟹肉和瑶柱。
4. 制作肉皮冻。在搅拌盆中倒入二汤和鱼胶粉后，蒸至溶化，再放凉使其凝固。
5. 将肉皮冻切碎，倒入盐、砂糖和胡椒调味。调好后，与步骤1、2和3的食材混合，拌入芝麻油和葱油。最后放入冰箱冷藏一晚，使其入味。

黑椒肉包馅

配方　成品约830克

五花肉（绞肉）375克
洋葱250克
韭菜50克
香菇（需要泡发，见第359页）50克
油适量

调味料
- 盐1小匙
- 砂糖1小匙
- 生抽3大匙
- 蚝油1大匙
- 黑胡椒粒（切成碎末）1½大匙
- 二汤（见第364页）120克
- 葱油（见第365页）2大匙

1. 在五花肉中依次倒入调味料，混合至产生黏性。放入冰箱冷藏一晚，使其入味。
2. 将洋葱、韭菜和香菇切碎。
3. 用少许油将洋葱炒至变色盛出，放凉备用。
4. 将所有材料混合一起。放入冰箱冷藏，使其入味。

香煎葱油饼馅

配方　成品约400克

虾（已经预处理，见第258页）100克
葱绿（横切）200克
猪背部肥肉（切碎）75克

调味料

- 盐4.5克
- 砂糖9克
- 胡椒少量
- 生抽⅔小匙
- 马铃薯淀粉3.5克
- 芝麻油少量
- 葱油（见第365页）5克

1. 用刀腹将虾米拍扁后切碎。
2. 将步骤1的虾米放入搅拌盆中混合至黏手，接着加入猪背部肥肉混合均匀。最后加入调味料中的盐、砂糖、胡椒和生抽大概混合一下。
3. 拌入横切的葱绿。接着拌入马铃薯淀粉，然后加入剩下的调味料（即芝麻油和葱油）混合均匀。将混合物放入冰箱冷藏，使其紧致。

黄桥酥饼馅

配方　成品约310克

五花肉（绞肉）100克
火腿（见第359页）40克
培根40克
洋葱90克
葱20克

调味料

- 砂糖9克
- 胡椒少量
- 芝麻油9克
- 葱油（见第365页）20克

1. 将所有的食材切碎，与调味料混合均匀后，放入冰箱冷藏，使其紧致。

云吞馅

配方　成品约270克

烧卖馅（见第243页）200克
荸荠（已经预处理，见第356页）20克
茼蒿60克
木耳（日本产，需要泡发，见第358页）10克
韭黄（切成碎末）8克

调味料
- 大地鱼粉½小匙（见第358页）
- 蛋散2大匙
- 芝麻油1小匙

1. 将烧卖馅切碎，其中⅓的量切得更碎。
2. 将荸荠拍扁后切碎。茼蒿焯水后沥干水分，切碎。
3. 将木耳切成1厘米长的丝状。
4. 在搅拌盆中倒入步骤1—3的烧卖馅、荸荠和木耳，并拌入调味料中的大地鱼粉和蛋散，混合均匀。最后加入步骤2的茼蒿、韭黄和芝麻油，稍微搅拌下即可。

锅贴馅

配方　成品约650克

五花肉（绞肉）200克
白菜（切成碎末）250克
卷心菜（切成碎末）250克
韭菜（切成碎末）25克
葱（切成碎末）15克

调味料
- 盐½小匙
- 胡椒少量
- 绍兴酒1大匙
- 生抽3大匙
- 葱油（见第365页）3大匙
- 芝麻油1大匙

1. 在白菜和卷心菜中加入⅓小匙的盐（未含在配方的份量中），静置约30分钟，轻轻拧干水分（约为380克）。
2. 将五花肉倒入搅拌盆中，接着加入调味料中的盐、胡椒、绍兴酒和生抽，充分混合至黏手。
3. 在步骤2的搅拌盆中加入步骤1的白菜和卷心菜、韭菜、葱、葱油和芝麻油，轻轻搅拌后放入冰箱冷藏一晚，使其紧致。

猪肉三鲜锅贴馅

配方　成品约850克

五花肉（绞肉）250克

虾米（已经预处理，见第258页）125克

海参干（需要泡发，见第358页）125克

蟹肉（加热）75克

韭菜50克

调味料

- 盐2.5克
- 生抽45克
- 绍兴酒5克
- 胡椒适量
- 白汤（见第364页）75克
- 花椒水75克
- ＊泡出花椒（见第360页）香气的水。
- 葱油（见第365页）75克
- 芝麻油1大匙

1. 用刀轻拍虾米后切碎。将海参干切成2毫米的丁状，用水煮后沥干水分。
2. 撕开蟹肉，将韭菜切碎。
3. 在搅拌盆中加入五花肉和步骤1的虾米，然后依次拌入调味料中的盐、生抽、绍兴酒、胡椒、白汤和花椒水，充分揉匀。
4. 在步骤3的搅拌盆中拌入步骤1的海参和步骤2的蟹肉和韭菜、葱油和芝麻油，混合均匀后放入冰箱冷藏一晚，使其紧致。

【 花椒水的制作方法 】

先在小盆中加入1小匙花椒，接着倒入90毫升热水，然后盖上保鲜膜。在常温下放凉后过滤使用。

▶ 花椒水常用在北方的料理中，用来中和食材的味道。会用来腌肉或是调味，也会加到馅料中，或是用来煮鱼翅和筋肉。

瑶柱烧卖馅

配方　成品约750克

里脊肉240克

虾米（已经预处理，见第258页）160克

猪背部肥肉120克

香菇（需要泡发，见第359页）30克

干贝（泡发，见第359页）3个

＊需要留泡发的水。

洋葱（切成碎末）100克

香菜2克

调味料

- 马铃薯淀粉8克
- 盐3.7克
- 砂糖5.6克
- 生抽7.5克
- 胡椒少量
- 芝麻酱5.6克
- ＊芝麻酱（见第362页）。
- 葱油（见第365页）28克
- 芝麻油15克

1. 将里脊肉切成1.5厘米宽的块状。将一半的虾米切分成3等份，另一半用刀轻拍。将猪背部肥肉和香菇切成5毫米的丁状。撕开干贝。在洋葱中撒入1大匙马铃薯淀粉（未含在配方的份量中）待用。香菜切碎。
2. 将梅花肉放入搅拌器的搅拌盆中，用中速或高速搅拌。待肉块被搅碎，搅拌盆的盆壁上沾有肉沫的薄膜后，加入调味料中的马铃薯淀粉，继续搅拌。
3. 在步骤2的肉馅中加入虾米和盐，继续搅拌至黏手。
4. 待虾米稍微被搅碎后，加入猪背部肥肉、香菇、干贝和2大匙干贝的泡发汁水、砂糖、生抽、胡椒和芝麻酱，用低速搅拌至整体混合均匀后，从搅拌器上取下搅拌盆。
5. 在步骤4的混合物中加入步骤1的洋葱、香菜、葱油和芝麻油，用铲子拌匀。放入冰箱冷藏一晚，使其紧致。

麻辣烧卖馅

配方　成品约640克

里脊肉180克
虾（已经预处理，见第258页）180克
猪背部肥肉90克
香菇（需要泡发，见第359页）30克
山蜇菜（需要泡发，见第359页）80克
香菜5克
调味料
- 马铃薯淀粉8克
- 盐5克
- 砂糖14克
- 生抽3克
- 胡椒少量
- 芝麻酱8克

  ＊芝麻酱（见第362页）。
- 生姜（切碎）10克
- 花椒粉（见第360页"花椒"）1克
- 辣椒粉1克
- 葱油（见第365页）28克

1. 将里脊肉切成1.5厘米的块状。取一半虾，分成3等份，再用刀将剩余的另一半虾轻轻拍扁。将猪背部肥肉、香菇和山蜇菜切成5毫米的丁状，香菜切碎。
2. 将盛放有里脊肉的搅拌盆安装在搅拌机上，用中速或高速搅拌。待肉搅碎后，若肉碎黏在搅拌盆的盆壁上，则可以加入调味料中的马铃薯淀粉继续搅拌。
3. 在步骤2的肉馅中加入虾和盐，继续搅拌至产生黏性。
4. 虾稍微搅碎后，倒入猪背部肥肉、香菇、山蜇菜、砂糖、生抽、胡椒、芝麻酱、生姜、花椒粉和辣椒粉，用低速搅拌至全部混合均匀。最后停下搅拌机的作业，将搅拌盆取下。
5. 在步骤4的混合物中加入香菜和葱油，用铲子搅拌好后，放入冰箱冷藏一晚，使其入味。

番茄烧卖馅

配方　成品约800克

鸡腿肉100克
里脊肉100克
虾（已经预处理，见第258页）180克
猪背部肥肉90克
番茄20个（每个15克）
毛豆50克
罗勒叶7～8片
盐适量
调味料
- 马铃薯淀粉8克
- 盐5.6克
- 砂糖15克
- 芝麻酱5.6克

  ＊芝麻酱（见第362页）。
- 白胡椒粒（切成碎末）适量
- 葱油（见第365页）25克

1. 将鸡腿肉和里脊肉切成7毫米的丁状。取一半的虾，分成4—5等份。用刀将剩余的另一半虾轻轻拍扁后，分成4—5等份。猪背部肥肉磨成肉泥。

＊由于番茄的火候不宜过久，因此馅料的用材应比其它烧卖馅料切得更小些。

2. 番茄焯水后，切分成4等份（瓣状），去籽。
3. 毛豆加盐用水煮开，待毛豆沉入水中不再掉色时，去掉毛豆外层的薄皮。
4. 将鸡腿肉和里脊肉放入搅拌盆中，充分揉至产生黏性后，加入调味料中的马铃薯淀粉继续揉制。
5. 加入虾和5.6克盐后继续揉至产生黏性，接着倒入猪背部肥肉、砂糖、芝麻酱和白胡椒粒，揉至整体混合均匀。最后加入毛豆、罗勒叶、番茄和葱油，粗略搅拌混合，放入冰箱冷藏，使其入味。

▶20个番茄分别切半，放入低温的烤箱中烘烤至半干状态后再用来制作馅料，馅料的味道将会变得更加浓厚。

广式葱油饼馅

配方　成品约200克

青葱（切成碎末）90克
培根（切成碎末）75克
葱油（见第365页）37.5克
盐1克

1. 混合所有食材，在常温下静置约30分钟。

＊葱变软，容易包馅

皇冠饺馅

配方　成品约370克

五花肉（绞肉）150克
虾（已经预处理，见第258页）150克
干贝（需要泡发，见第359页）12.5克
＊需要留用泡发的水。
香菇（需要泡发，见第359页）20克
葱（切成碎末）4克
生姜（切成碎末）2克

调味料

 盐2.8克
 砂糖3.8克
 胡椒0.5克
 生抽5.5克
 蚝油3.8克
 马铃薯淀粉5克
 芝麻油3.8克
 葱油（见第365页）3.8克

1. 将虾米分成4等份。揉开瑶柱，将香菇切碎。
2. 在虾米中加入调味料中的盐拌匀。待出现黏性时加入五花肉、步骤1的干贝和香菇、葱和生姜，然后继续加入砂糖、胡椒、生抽、蚝油和5克泡发干贝的水，混合均匀。
3. 将马铃薯淀粉、芝麻油和葱油加入进去搅拌，然后放入冰箱冷藏，使其紧致。

炸酱肉包馅

配方 成品约790克

馅料A

里脊肉（绞肉）150克
生姜（切成碎末）½大匙
大蒜（切成碎末）½大匙
亚实基隆葱（切成碎末）30克

【调味料】

生抽40克
番茄酱80克
豆瓣酱（见第362页）1小匙
砂糖20克

馅料B

五花肉（绞肉）225克
虾（已经预处理，见第258页，切成碎末）75克
白菜芯（切成碎末）150克
葱（切成碎末）2大匙

【调味料】

盐10克
砂糖20克
生抽1大匙
胡椒少量
芝麻油½大匙
马铃薯淀粉16克
水80克
油1大匙

油适量

【制作馅料A】

1. 混合里脊肉与调味料中的生抽。

2. 在锅中倒入1大匙油，加入生姜、大蒜和亚实基隆葱，用小火炒香。接着加入番茄酱、豆瓣酱和步骤1的里脊肉讲去炒。然后加入砂糖炒至食材混合后，倒入烤盘中用大火蒸约15分钟后放凉。

【制作馅料B】

3. 先用加了少许油的热水煮白菜芯，然后沥干水分（约为60克）。

4. 混合五花肉、虾米和调味料中的盐，然后揉匀。接着依次拌入剩余的调味料（即从砂糖到油）、步骤3的白菜芯和葱。

【加工】

5. 混合馅料A和馅料B，放入冰箱冷藏使其紧致。

无糖生馅 基他生咸馅

咖喱蟹肉馅

配发　成品约380克

鸡腿肉50克

虾米（已经预处理，见第258页）50克

洋蘑菇50克

洋葱50克

亚实基隆葱50克

蟹肉（加热）20克

油适量

预先准备鸡腿、虾的调味料

- 盐0.8克
- 砂糖0.4克
- 蛋白少量
- 马铃薯淀粉2.5克

炒调味料

- 二汤（见第364页）100克
- 咖喱酱（见第256页）50克
- 水溶马铃薯淀粉2大匙
- 鸡蛋30克

1. 将鸡腿肉、虾米、洋蘑菇、洋葱和亚实基隆葱分别切成7毫米的丁状。混合鸡腿肉和虾米，然后加入预先准备的调味料，静置约30分钟，再焯水一遍并沥干水分。
2. 在锅中倒入少量油，接着倒入步骤1的洋蘑菇、洋葱和亚实基隆葱，用小火炒香。然后倒入鸡肉和虾米进去继续炒。
3. 在步骤2中倒入二汤和咖喱酱，稍微煮一会儿后，倒入水溶马铃薯淀粉并关火，最后加入鸡蛋混合均匀。
4. 将成品盛放到搅拌盆中，待变温后拌入手撕蟹肉，放入冰箱冷藏，使其紧致。

家乡蒸粉果馅

配方　成品约400克

虾米（已经预处理，见第258页）47.5克

里脊肉47.5克

鸡腿肉47.5克

猪背部肥肉27.5克

叉烧肉（见第248页）45克

竹笋85克

香菇（需要泡发，见第359页）47.5克

韭黄15克

香菜10克

生姜酒（见第366页）、油分别适量

预先准备虾、里脊肉、鸡腿肉的调味料

- 盐1.5克
- 砂糖1.5克
- 胡椒少量
- 芝麻油1克
- 马铃薯淀粉2.5克

炒调味料

- 生抽5克
- 蚝油5克
- 盐3克
- 砂糖4克
- 胡椒少量
- 二汤（见第364页）100克
- 芝麻油2克
- 葱油（见第365页）15克

1. 将虾米、里脊肉、鸡腿肉、猪背部肥肉、叉烧肉、竹笋和香菇切成3～4毫米的丁状。将韭黄和香菜切碎。
2. 混合虾米、里脊肉和鸡腿肉，然后拌入预先准备的调味料，静置约30分钟。
3. 在煮沸的热水锅中加入生姜酒，然后依次加入步骤2的食材、猪背部肥肉、竹笋和香菇，焯水后充分沥干水分。
4. 在锅中加入适量油，然后倒入叉烧肉和步骤3焯过水的食材一起炒。接着倒入炒调味料中的生抽、蚝油、盐、砂糖和胡椒继续炒，然后倒入二汤，稍微煮一下。最后拌入芝麻油后关火盛出，待成品变温后拌入葱油、韭黄和香菜。放入冰箱冷藏，使混合物紧致。

潮州蒸粉果馅

配方　成品约570克

鸡腿肉40克
猪大腿肉60克
虾米（已经预处理，见第258页）60克
荸荠（已经预处理，见第356页）60克
香菇（需要泡发，见第359页）20克
叉烧肉（见第248页）60克
蟹肉（加热）30克
韭菜30克
青葱30克
香菜20克
花生（需要烘烤，见第11页）40克

＊切成碎末。

姜酒（见第366页）、油分别适量

预先准备鸡腿肉、猪腿肉、虾的调味料

- 盐1.7克
- 砂糖1.7克
- 胡椒少量
- 马铃薯淀粉2.8克

炒调味料

- 绍兴酒2小匙
- 盐⅔小匙
- 砂糖1⅓小匙
- 胡椒适量
- 老抽1小匙
- 生抽2小匙
- 二汤（见第364页）250克
- 水溶马铃薯淀粉2½～3大匙

拌好的调味料

- 蚝油1小匙
- 胡椒适量
- 芝麻油1½小匙
- 辣椒油1½小匙

1. 将鸡腿肉、猪大腿肉、虾米、荸荠、香菇和叉烧肉切成5毫米的丁状。先混合鸡肉、猪肉和虾米，然后倒入预先准备好的调味料，静置约30分钟。

2. 撕开蟹肉，将韭菜、青葱和香菜切碎。

3. 在锅中煮沸热水，先加入生姜酒，然后依次加入步骤1中除了叉烧肉以外的食材焯水后，沥干水分。

4. 在锅中倒入适量油，加入叉烧肉和步骤3的食材进去炒。接着倒入炒调味料中的绍兴酒、盐、砂糖、胡椒、老抽和生抽进入锅中继续炒，然后倒入二汤熬煮至收汁约剩一半的量。最后加入水溶马铃薯淀粉勾芡，盛出放凉。

5. 加入拌好的调味料、蟹肉、韭菜、青葱、香菜和花生，然后放入冰箱冷藏，使其紧致。

萝卜酥馅

配方　成品约315克

萝卜300克
西芹40克
火腿（见第359页）50克
虾米（需要泡发，见第358页）20克
葱（切成碎末）3大匙

调味料
- 葱油（见第365页）3大匙
- 盐¼小匙
- 砂糖½小匙
- 水溶马铃薯淀粉1小匙
- 芝麻油1小匙
- 花椒粉（见第360页"花椒"）适量

1. 将萝卜和西芹切丝，火腿和虾米切碎。
2. 在萝卜中撒入½大匙盐（未含在配方中的份量），待萝卜变软后控干水分。
3. 将葱油和虾米放入锅中炒香后，加入葱、步骤2的萝卜和步骤1的西芹进去继续炒。加入盐和砂糖调味，然后倒入水溶马铃薯淀粉勾芡。最后加入芝麻油并调成大火，待食材全部缠绕在一起后盛出。
4. 待步骤3的混合物温热时拌入火腿和花椒粉，放入冰箱冷藏，使其紧致。

香酥牛肉馅

配方　成品约360克

牛肉（绞肉）200克
生姜（切成碎末）1大匙
大蒜（切成碎末）1大匙
孜然籽（炒香磨碎）3克
葱（切成碎末）30克
西芹（切成碎末）40克
油适量

调味料
- 麻辣酱（见第362页）2小匙
- 绍兴酒1大匙
- 生抽2½大匙
- 砂糖2小匙
- 二汤（见第364页）150克
- 胡椒少量
- 水溶马铃薯淀粉适量
- 芝麻油少量

1. 在锅里加入少量油、生姜、大蒜和调味料中的麻辣酱后，用小火炒香。
2. 将牛肉倒入锅中炒开，倒入炒香磨碎的孜然粉、绍兴酒、生抽、砂糖、二汤和胡椒后，稍微煮一下。
3. 用水溶马铃薯淀粉勾芡，加入芝麻油后关火，并从锅中盛出放凉，最后拌入葱和西芹。

五仁馅

配方　成品约900克

＊果仁的烘烤方法参照第11页。

核桃（需要烘烤）75克
花生（需要烘烤）50克
开心果（需要烘烤）65克
橄榄仁（需要烘烤）50克
南杏（需要烘烤）50克

＊杏仁（见第357页）。

松子（需要烘烤）30克
南瓜籽45克
橘子皮10克
朗姆酒葡萄干（见第358页）100克
炒白芝麻30克
糕粉（见第356页）30克
花生油2小匙
玫瑰酒2大匙

＊玫瑰酒露（见第361页）。

冬蓉馅（见第253页）350克

1. 将果仁类分别磨碎，橘皮切成5～7毫米的丁状。
2. 将橄榄仁和冬瓜馅以外的食材放入搅拌盆中充分混合，接着拌入剩余的食材（即橄榄仁和冬瓜馅），然后放入冰箱冷藏，使其紧致。
▶仁指的是水果的核（籽、果核），五仁指的是馅料里加入5种果仁的意思。

番薯馅

配方　成品约620克

番薯300克
砂糖50克

＊适番薯的甜度来调整砂糖的用量。

炼乳100克
玉米淀粉9克
低筋面粉15克
黄油35克
无糖炼乳125克
吉士粉（见第356页）2克

1. 将薯薯切成7毫米厚的圆片，用大火蒸约10分钟。
2. 将薯薯去皮后，一半处理成糊状，一半切成7毫米的丁状。
3. 将步骤2中糊状的薯薯与其他食材全部一起混合，用大火蒸约20分钟。
4. 最后加入7毫米块状的薯薯混合搅拌，然后放入冰箱冷藏，使其紧致。

五仁火腿月饼馅

配方　成品约1450克

＊果仁的烘烤方法参照第11页。

烘烤后，放入密封容器中2～3天。

花生（需要烘烤）50克

核桃（需要烘烤）170克

开心果（需要烘烤）20克

橄榄仁（需要烘烤）40克

南杏（需要烘烤）75克

＊杏仁（见第357页）。

松子（需要烘烤）65克

南瓜籽85克

猪油糖（见第75页）85克

火腿（见第359页）85克

腊肠（见第359页）50克

糖冬瓜（见第357页）80克

＊煮至出现波纹。

杏干50克

橘皮30克

朗姆酒葡萄干（见第358页）50克

炒白芝麻40克

糖粉240克

糕粉（见第356页）45克

玫瑰酒25克

＊玫瑰露酒（见第361页）。

花生油15克

蜂蜜55克

芝麻油15克

生抽20克

桂花酱（市场销售品）75克

＊桂花酱（见第362页），洗净。

1. 将果仁类与杏干切成朗姆酒葡萄干的大小。将猪油糖、火腿、糖冬瓜和橘皮切碎。
2. 用热水快速滚过腊肠后，放在锅中用大火蒸10～15分钟，然后将腊肠纵向切半后，再切成薄片。
3. 将所有的食材一起混合后，放入冰箱冷藏，使其紧致。

＊由于"五仁火腿月饼"比"咸蛋黄莲蓉月饼"较难以湿润，所以果仁类烘烤后放置2～3天再使用。

松子枣泥馅

配方　成品约400克

枣泥馅300克

糖浆红枣（见下）60克

松子（需要烘烤，见第11页）30克

甜松子（见第278页）30克

1. 将糖浆红枣切分成5毫米的丁状。
2. 混合所有食材。

【 糖浆红枣的制作方法 】
配方　制成的红枣约60克

红枣（干燥，见第357页）100克

＊放入水中泡发一晚，泡发的水留用。

君度橙酒1大匙

糖浆1大匙

＊糖浆是煮溶与水同量的砂糖，然后冷却制成。

1. 将红枣泡在所需的水中，用大火蒸4～5分钟使其变软后，去皮去核。
2. 将沥干水分的红枣放入混合好的君度橙酒与糖浆中，放置一晚。

黑芝麻馅

配方　成品约260克

黑芝麻（三次研磨、见第81页）100克
麦芽饴糖140克
黑砂糖20克

1. 将放软的麦芽饴糖和黑砂糖拌入黑芝麻中，混合好后放入冰箱冷藏，使其冷却至易于使用的硬度。
2. 将混合好的馅料分成所需的份数并揉圆，放入冰箱冷藏，使其紧致。
▶传统的黑芝麻馅是使用猪油来制作的，从健康的角度考虑，这里使用麦芽饴糖来替代。芝麻糊的粗细不同会给馅料带来不同的口感以及不同的风味，制成的点心也会有所不同，分别有着各自的乐趣。

咸蛋黄馅

配方　成品约350克

蛋黄130克
砂糖60克
吉士粉（见第356页）10克
黄油100克
咸蛋黄（见第359页）6个

1. 将咸蛋黄和砂糖放入搅拌盆中揉搓混合，接着拌入吉士粉和融化的黄油。
2. 加入过滤过的咸蛋黄，混合均匀后放入冰箱冷冻凝固。

岭南果王馅

配方　成品约555克

木瓜去皮去籽后270克

糖冬瓜（见第357页）75克

橄榄仁（见第357页，需要烘烤）55克

＊烘烤方法参照第11页。

马拉糕面团（见第79页）需要蒸75克

君度橙酒1大匙

糖粉35克

炒白芝麻20克

糯米粉10克

1. 将水煮过的糖冬瓜沥干水分后，与橄榄仁一起切碎。
2. 用勺子将木瓜依次挖出约1厘米大的块状。
3. 将马拉糕面团捣碎，撒上君度橙酒。
4. 将步骤1的糖冬瓜、糖粉、橄榄仁和炒白芝麻放入搅拌盆中混合。
5. 在步骤4的混合物中拌入步骤3中的马拉糕面团和步骤2的木瓜。最后加入糯米粉大概混合一下。

＊馅料含有新鲜水果，应尽快用完。

核桃酥馅

配方　成品约170克

糖核桃（见第278页）60克

莲蓉馅90克

花生酱20克

＊不含砂糖和食盐，纯100%花生酱。

1. 用刀腹将糖核桃拍碎成5～6毫米的丁状，然后混合所有食材。

皮蛋酥馅

配方

皮蛋（已经预处理，见第359页）1½个
玫瑰酒1大匙

*玫瑰露酒（见第361页）。

基础馅料　成品约350克

- 酸姜（见第360页）40克
- 莲蓉馅300克
- 玫瑰酒1大匙
- 炒白芝麻（磨碎）5克

1. 将皮蛋纵向切半，然后分别分成8等份，即1个皮蛋分成16小块。这里需使用24小块。
2. 在皮蛋中洒入玫瑰酒。
3. 制作基础馅料。将酸姜切成7毫米的四方薄片后，充分沥干水分。
4. 将莲蓉馅、玫瑰酒、步骤3的酸姜和炒芝麻放入搅拌盆中混合。
5. 用步骤4中15克的基础馅料包住1小块皮蛋，揉圆使用。

第**6**章
甜品

　　用面皮包裹甜馅的包子、酥皮饼等，虽然都属于甜点，但在本章里介绍的甜点却范围更广，包括厨师们用锅制出的甜食——"甜菜"，以及受西方饮食文化影响的冰淇淋和布甸等甜食——"甜品"。

　　首先从中国传统的糖绕开始讲起。

　　在吃的时候可以拉出糖丝的"拔丝"、糖凝固成玻璃状的"琉璃"（上述两种见第276页）和使用糖结晶的手法使食物裹上一层白色糖衣的"挂霜"（见第279页），与西方饮食的糖有着不同的趣味。

　　使用熟悉的材料制成的、味道丰富的中国传统小豆汤与煮糖浆——"甜水"（见第286页），都统一作为"甜的汤水"来介绍。

　　在"布甸和啫喱"（见第294页）这一小节中，除了传统的杏仁豆腐，受西洋文化影响的布甸等甜食都提供有热冷两种食谱。

　　冰淇淋和果酱，虽然都是西餐中的新式甜食，但是当它们与中国特有的甜品组合后，给中国的甜食带来了一股新风气，我希望大家可以关注到这一点。

　　使用中国特有材料（如酒、山楂和茉莉花茶等）的甜食，我也呈上了食谱。

　　除此之外，我还想一并介绍"三不粘"（见第314页）、使用燕窝制作的中国传统甜食，以及在香港成为话题的"姜汁撞奶"（见第320页）。

　　我想，随着甜食的不断扩充，也许可以让人们感受到创新的可能性。

拔丝、琉璃

绕糖技巧1

自古以来，各个地方都有使用糖液来制作的点心，且种类繁多。

"拔丝"是用糖液裹住预先处理好的食材，用筷子夹起时，会拉出糖丝。这样的点心就被称为"拔丝（拉线）"。

"琉璃"虽然与"拔丝"的操作相同，但是它要等到糖液冷却凝固，食材表面变透明后再供应。

糖液冷却时，食材表面呈现玻璃（琉璃）状，因此得名"琉璃"。

拔丝技巧

新鲜或者预先制熟的食材裹上糖液的普遍技巧。

板栗、山药和芋头等硬的食材先直接油炸，然后再裹上糖液制成；水果和膏状的食物以及容易碎掉的食材和容易吸油的食材等，应先裹上糖衣再油炸，最后裹上糖液制成。

拔丝栗子

糖绕核桃

糖绕松子

拔丝板栗

配方　4人份

板栗16个

＊将板栗去掉外壳和薄皮，用大火蒸煮。

油适量

糖液
┌ 砂糖120克
│ 麦芽饴糖1大匙
└ 水2大匙

1

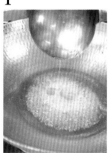

将糖液的食材倒入锅中，用中火熬煮，当糖液变浓稠时，倒入少许油。蒸好的板栗结合步骤4的时间，倒入165～170摄氏度的油锅中油炸。

2

当糖液变浓稠可以拉出丝时，锅底便也清晰可见了。在这一阶段中不能过分搅拌，且不能停止加热，以免造成糖液结晶。

3

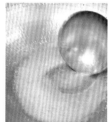

糖液稍微变黄（温度约在160摄氏度时的状态）。

＊当糖液超过150摄氏度，冷却后会变硬，而达到170摄氏度时，可以形成薄薄的焦糖。

◎要点

熬煮糖液的火候

糖液在低温时会飞溅满锅，容易变焦。熬煮的火候以火苗不超过（熬煮糖液的）锅底为准。

4

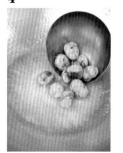

将油炸好的板栗倒入糖液中裹糖。制好后盛放在刷了一层薄油的盘子中。

5

搭配凉白开一起供应给客人享用。趁热将拔丝板栗放入凉白开中蘸一下享用。用筷子一一夹开时，因糖液冷却，会拉出糖线来，即拔丝。

琉璃技巧1

技巧1是利用浓稠的糖液煮预先加热好的食材，然后油炸使食材表面的糖液变成玻璃状。这样的技巧适用于果仁类，在小小的食材身上均匀地缠绕上糖液，即使大批量制作也很容易达到这个效果。

甜松子

配方

松子（需要煮，见第11页）200克
油适量

糖浆
┌ 砂糖150克
└ 水200克

1

将糖浆的食材和松子倒入锅中煮。当糖液达到麦芽饴糖的浓度时，将松子放到漏网中去掉多余的糖液。

2

将步骤1的糖液和松子混合物放入170摄氏度的油锅中油炸。松子浮出油锅，糖液的温度逐渐上升，松子的周围开始出现透明的泡泡。

3

当糖液的泡泡开时变颜色，就将松子从油锅中捞出。

＊松子变色（淡颜色）即可捞出来，通过余温使其裹上焦糖。

4

将松子倒入抹了一层薄油的搪瓷烤盘中，逐一分开松子后放凉。待松子冷却后，放入装有干燥剂的密封容器中储存。这属于提前制作备用的点心。

琉璃技巧2

技巧2是先在食材身上直接撒满砂糖，然后用油炸至食材表面变成玻璃状。

这个方法虽然简单，但是不容易上色均匀。

甜核桃

配方

核桃200克　　炒香白芝麻适量
砂糖75克　　　油适量

1

将一锅热水煮沸，倒入核桃再次煮沸后，将核桃放在漏网中沥干水分。趁热撒满所有砂糖。

2

将步骤1的核桃倒入约160摄氏度的油锅中，用小火油炸。随着油温逐渐上升，核桃浮出油锅。随着糖液的温度上升，核桃周围出现糖液的泡泡。

3

同甜松子的步骤3—4相同操作，油炸核桃后捞出逐一分开。制好后撒上炒香的白芝麻。储存方法也同于甜松子的步骤4。

▶ "甜核桃"是南方常用的称呼，在南方以外的地方也有使用"琉璃"这种技巧制作的"琉璃核桃"。

挂霜

绕糖技巧 2

先用糖液裹住预先加热好的食材，然后降低温度使食材表面的蔗糖结晶。

蔗糖在食材表面结晶的模样看起来就像挂了一层霜，因此得名"挂霜"。

常用水果和果仁类来制作，水份较多的食材会裹上糖衣后油炸制成。

四川料理中称作"粘糖"。

光撒糖制成的点心称作"顶霜"。

挂霜技巧

挂霜是利用加热过的糖液因温度下降而变白，再次发生结晶的特点。

将油炸过的坚硬食材、水果或者膏状的食物，以及不容易散开的食材裹上糖衣油炸后，在糖液中挂霜。

挂霜热情果（百香果）

配方

热情果奶油　成品约550克

┌ 热情果果酱150克
│ 牛奶200克
│ 鲜奶油150克
│ 水55克
│ 马铃薯淀粉5克　　　热情果果酱
│ 玉米淀粉8克　　　　加入砂糖混
│ 吉士粉（见第356页）30克　合为A
│ 砂糖25克
│ 黄油15克
└ 杧果（7毫米方块）100克

糖衣

＊先将粉类混合，接着倒入配方中的水充分混合，最后混入配方中的油。

┌ 小麦粉200克
│ 马铃薯淀粉15克
│ 泡打粉13克
│ 水240～265克
│ ＊通过调整水的用量，制作出所喜好的糖衣硬度。
└ 油100克

糖液

（225克热情果果酱的用量）

┌ 砂糖150克
│ 水3大匙
└ 炒熟白芝麻（磨碎）适量
马铃薯淀粉、油分别适量

制作热情果果酱

1

将黄油放入锅中加热，加入混合好的A，一直加热至水份挥发，混合液产生黏性。然后加入杧果混合。

2

将步骤1的混合物倒入刷了一层薄油的搪瓷烤盘中，放入冰箱冷藏使混合液凝固。凝固后切成易于享用的大小。

裹上糖液加工

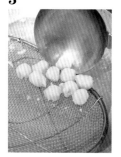

3

给步骤2的果酱撒上马铃薯淀粉，裹上糖衣，放入160～165摄氏度的油锅中油炸。待表面坚固后暂时捞出。趁着糖液制好的工夫放入油锅中再次油炸。

4

将砂糖和份量中的水（240～265克）倒入锅中，用中火加热的同时用汤勺的底部搅拌。当糖液出现黏性，便可以看见锅底。

挂霜椰香核桃

配方

核桃（需要煮，见第11页）300克
肉桂粉适量
椰奶粉（见第357页）适量
黄油、油分别适量

糖液
- 砂糖150克
- 水3大匙

1. 将煮过的核桃放入140摄氏度的油锅中，随着油温逐渐上升，炸至松脆。
2. 将核桃表面的余油擦干净，按照"挂霜热情果"的步骤4—8（见第280—281页）制作。区别在于无需使用炒熟的白芝麻。
3. 将锅放在火上，然后放入黄油加热至融化，接着倒入步骤2的核桃，煮至表面的砂糖稍微溶化便取出。
4. 依次撒上肉桂粉和椰奶粉。

＊提前制作好后储存起来。保存方法参照"甜松子"的步骤4（见第278页）

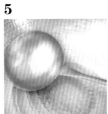

5

糖液的黏性变强，颜色变白。

6

将锅离开火，倒入炒香的白芝麻。

7

持续搅拌混合，糖液温度下降，开始结晶。刚刚结晶的糖液较软，趁这个工夫倒入经过二次油炸的步骤3的热情果丸子。

8

快速搅拌。将锅放回炉子上，用小火加热以防焦锅，一直加热至砂糖水分挥发，颜色变白为止。趁热供应给客人享用。

拔丝葡萄柚

配方　4人份

葡萄柚（白色、红宝石）分别½个

威化纸（见第235页：直径15厘米）2张

＊将每张威化纸分别分为8等份，总计16小张。

糖衣

- 低筋面粉140克
- 马铃薯淀粉50克
- 蛋白40克
- 水150毫升

糖液

- 砂糖120克
- 麦芽饴糖1大匙
- 水2大匙

油适量

1. 将糖衣的食材放入搅拌盆中混合。

2. 将葡萄柚掰成一瓣一瓣，每一瓣都去掉薄皮并擦干水份。油炸之前用1小张威化纸卷起一瓣葡萄柚（图a），然后再裹上糖衣，最后放入170摄氏度的油锅中油炸（图b）。当表面凝固后捞出。看准糖液制好的瞬间，放入锅中再一次油炸。

3. 参照"拔丝板栗"（见第277页）制作。

▶虽然果汁越多便越难操作，但是糖丝的脆感与四溢的果汁会令人联想到威士忌糖果的口感。

a　　　　b

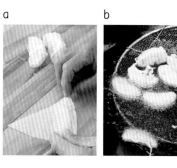

甜金枣

配方　20个

面团
- 番薯约400克
- 糯米粉（台湾产，见第356页）20克
- 肉桂粉⅓小匙

枣蓉馅60克

糖液
- 砂糖150克
- 麦芽饴糖10克
- 水3大匙
- 桂花酱（市面销售品）1大匙
- ※桂花酱（见第362页），洗净。

油适量

【制作面团】

1. 将番薯切成2厘米厚的圆片，用大火蒸熟后去皮，用滤网过滤，取其中280克使用。
2. 加入糯米粉和肉桂粉，充分混合。用大火蒸10分钟。

【加工】

3. 将步骤2的面团搓成长条，然后切分成每份15克的小面团，用手将小面团抻成碗状面皮（见第20页，团子），在面皮上盛放3克馅料，包成"圆球形"（见第26页），然后用手慢慢调整成足球形。
4. 将步骤3的"足球"放入150摄氏度的油锅中，待表面变硬后捞出来。算好糖液制好的时间，再一次回锅油炸。
5. 参照"拔丝板栗"的步骤1—3（见第277页）制作糖液。
6. 当糖液可以拔丝，颜色开始变黄时加入桂花酱，然后放入经过二次油炸的步骤4的"金枣"，在糖液里裹糖。
7. 将成品捞到刷了一层薄油的搪瓷烤盘中，挨个分开放凉。

▶琉璃的技巧中属北京的"糖葫芦（琉璃山楂）"最有名气。据说在清朝皇帝溥仪年幼时，每次一哭就会得到糖葫芦吃。

甜腰果

配方

开心果（需要煮，见第11页）200克
油适量
糖浆
- 砂糖150克
- 水200克

1. 参照"甜松子"（见第278页）的步骤制作。

※提前做好备用。储存方法参照"甜松子"（见第278页的步骤4）。

◎成功案例（左边）
　和失败案例（中间和右边）

【中间】 因糖液加热不充分（温度偏低）而导致加工后腰果身上留有砂糖。只是，也有特意制作成这种状态的技巧。

【右边】 虽然软体糖液形成了玻璃状，但因为加热不充分而导致糖液无法变硬。

龙须糖

配方　54个

糖
- 砂糖500克
- 水300毫升
- 麦芽饴糖50克
- 柠檬汁10毫升

馅料　成品约360克

＊果仁的烘烤方法参照第11页。

- 杏仁（需要烘烤）60克
- 花生（需要烘烤）80克
- 炒熟白芝麻80克
- 椰子粉（已经预处理，见第356页）80克
- 砂糖60克
- 玉米淀粉适量

◎**要点**

有碰撞则会结晶

　　由于熬煮后高浓度的糖里几乎未含水分，很容易结晶，因此煮的过程中不要搅拌（搅拌碰撞后即易结晶）。

　　可以加入麦芽饴糖和柠檬汁来防止结晶。加入柠檬汁后很容易烧焦，所以柠檬汁应在即将关火前滴入。

【 制作糖液 】

1. 将砂糖和200毫升配方中的水倒入锅中加热，一直熬至温度达到140摄氏度。加入剩下的100毫升水和麦芽饴糖，熬至130摄氏度后加入柠檬汁。

＊当糖液达到130摄氏度时，滴入冰水中会变成用手指可以捏碎的硬圆片（图a）。

2. 将糖液分装到3个铺了油纸的纸杯中降至常温。

【 制作馅料 】

3. 将馅料中的果仁切碎后，与馅料中其他食材混合。

【 加工 】

4. 将步骤2的糖液图片捏圆，中间开孔，随着内孔不断扩大，逐渐变成甜甜圈的模样（图b）。

＊依次操作每个纸杯中的糖液。虽然糖液在温热时最容易操作，但是很难维持完整的形状，口感也不好。

5. 将圆圈沾满玉米淀粉，用双手将它们拉成同样大小（图c）。

6. 随着圆圈逐渐增大，将圆圈拧成8字形，重叠成双层圆圈（图d）。

7. 在保持圆圈厚度均一的前提下继续拉大圆圈（图e）。

8. 步骤6—7的作业反复操作13次（图f）。

9. 糖液最后变成称作"龙须"的细线（图g）。将剩余的玉米淀粉撒在龙须上，用搅拌器切出6条12厘米长的龙须，再将6条龙须分别分成3等份。

10. 在步骤9中的1份龙须中盛放1小匙馅料，卷成卷即可（图h）。

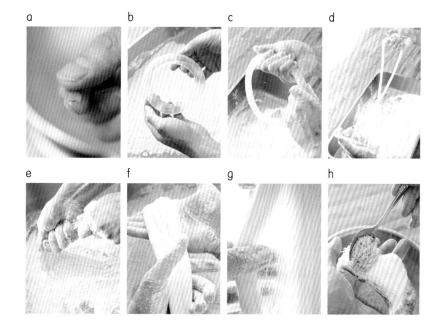

甜水

    在豆类、果仁类、杏子或红枣等干果以及陈皮、枸杞、桂圆、杏仁和莲子等药材类中加水，经过长时间熬、蒸后制成甜水。甜汤是用调羹从碗里舀出来享用的甜品，甜滋滋的汤水和美味的食材，让人身心愉悦。

甜汤根据使用的食材以及它的黏稠度，分为"沙""露""糊"和"糖水"。

沙

有豆粒的糖水

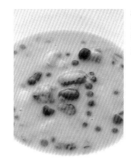

将红豆、绿豆和白扁豆等豆类熬煮很长时间制成的甜水。食材煮得稀烂，成为小小的颗粒状。见么么咋咋（见第289页）等。

露

有点稠度的糖水

将食材煮成糊状的糖水。多数使用花生、核桃和杏仁等果仁类来制作。另外也有添加米粉或玉米淀粉勾出一层薄芡的糖水。见杨枝甘露（见第291页）等。

糊

浓稠的糖水

将黑芝麻、白芝麻和花生等食材熬煮成糊状后，加入米粉或玉米淀粉勾成浓芡的糖水。见黑芝麻糊等。

糖水

甜的汤水

在水果或干果等干货中加入药材，经过长时间熬、蒸制成的糖浆甜水。见金橘红枣无花果糖水（见第292页）等。

椰汁莲子百合红豆沙

配方　成品约2升

红豆150克

香菇1个

百合鳞茎（干）30克

陈皮（需要泡发，见第360页）少量

水2升

片糖（见第364页，捣碎）200克

糖浆适量

＊砂糖与水以1:3的比例煮溶，冷却后成为糖浆。

椰奶（罐装）350克

1. 用水泡发红豆、香菇和百合鳞茎一晚。

2. 将红豆、香菇、陈皮和配方中的水倒入汤锅中加热。待水沸腾后将火调小，约煮40分钟至食材变软，过程中应时不时搅拌一下混合物。

3. 从步骤2的混合物中捞出香菇与陈皮。接着取出¼的红豆备用。用细纱网过滤剩余的红豆。

4. 将百合鳞茎和莲子蒸软，然后泡入糖浆中用大火蒸10～15分钟。

5. 将步骤3中过滤出的红豆水倒入锅中，接着加入¼量备用的红豆、步骤4的百合鳞茎和莲子以及片糖一起煮。

6. 在供应给客人享用前，应再加入椰奶，提供温热的红豆沙给客人享用。

么么咋咋

配方 成品约2升

红豆40克

绿豆40克

白扁豆40克

黄豆40克

百合鳞茎（干）40克

莲子（干）40克

＊泡发（见第357页）。

芋头（见第163页）240克

西米（干）30克

陈皮（需要泡发，见第360页）少量

水1.2千克

砂糖200克

椰奶（罐装）400克

鲜奶油60克

1. 用水泡发豆类和百合鳞茎一晚。

2. 将配方中的水和砂糖倒入锅中加热至糖溶化，制成糖浆。

3. 由于蒸煮的时间不同，所以将步骤1的4种豆类、百合鳞茎以及莲子分成6小块，泡入糖浆后分别蒸煮至用手可以捏碎的程度。将陈皮和莲子一起蒸煮，蒸好后制成糊状，再一次倒回糖浆中。

4. 将芋头去皮切成1.5厘米大的方块，用大火蒸软后，很容易就可以碎掉。

5. 用充足的热水煮西米约20分钟至透心，用水冲洗掉西米的黏液。

6. 将步骤3分别泡在糖浆中的食材倒入锅中，接着加入椰奶、鲜奶油、步骤5沥干水分的西米和步骤4的芋头一起煮。

▶ 么么咋咋是马来西亚语，它是娘惹料理（中国移民结合中国文化与马来西亚文化制出的料理）中的甜品，是一碗装满椰奶、豆类和芋头的甜水。

芋蓉西米露

配方　成品约1.5升

芋头（见第163页）400克
西米（干）75克
椰奶（罐装）400克
水600克
砂糖150克
鲜奶油40克
糖浆适量

※砂糖与水以1:3的比例煮溶，冷却后成为糖浆。

生姜团子36个

[芋角面团（见第162页）135克
[生姜膏45克

【 生姜膏的制作方法 】

将50克烫过的生姜（切薄）和蜂蜜一起放入锅中，用小火熬20分钟，一直熬到浓缩至45克的膏状。

1.　将芋头去皮后切成1厘米大的方块，用大火蒸10分钟。西米煮水泡发（见右页的步骤1）后倒入所需的糖浆中备用。
2.　将椰奶、水、砂糖和鲜奶油倒入搅拌盆中混合。
3.　待步骤1的芋头放凉后，与步骤2的液体混合物一起放入搅拌器中搅拌至芋头搅碎。
4.　将步骤3的混合物倒入锅中加热，然后加入沥掉糖浆的西米一起煮沸。
5.　制作生姜团子。将芋角面团与生姜膏混合，然后擀成长条后，切分成每份5克的小面团，将小面团揉圆即可。
6.　将步骤5的团子放入充足的热水中煮约4分钟，在每个碗中分别盛放3颗团子，倒入热气腾腾的步骤4的西米糖水。

杨枝甘露

红柚

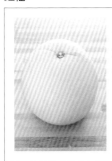

东南亚产的柑橘系水果。它的外形比葡萄柚稍微大些。虽然果汁比葡萄柚少，但是它的果肉可以剥出完整的肉粒来，有着独特的香味。也可以用葡萄柚和柚子等代替。

配方　成品约2升

杧果去皮去核后300克

西米（干）90克

红柚（见下方）1个

吉士粉（见第356页）30克

杧果酱300克

杧果冰淇淋100克

鲜奶油50克

椰奶（罐装）200克

柠檬汁1大匙

糖浆750克

＊砂糖与水以1∶4的比例煮溶，冷却后成为糖浆。

1. 制作西米糖浆。用充足的热水煮西米约20分钟至透心，用水冲洗掉西米的黏液。将⅔的西米倒入100克糖浆中，剩下的⅓西米（装点用）泡在50克糖浆中。

2. 取出红柚的果肉，保持肉粒的完整性。将杧果切成1.5～2厘米大的方块，然后放入塑料袋中，用手捏碎。将红柚和杧果分别放入冰箱冷藏，红柚留出⅓的量用来做装点。

3. 将吉士粉倒入搅拌盆中，接着倒入剩余的600克糖浆溶化吉士粉。

4. 将步骤3的糖浆、杧果酱、杧果冰淇淋、鲜奶油和椰奶倒入锅中，混合煮温后过滤入盆中。

5. 将步骤4的搅拌盆放入冰水中，使混合物冷却，然后加入柠檬汁混合后，放入冰箱冷藏。

6. 供应给客人享用前，分别在步骤5的混合物中加入步骤2的杧果、⅔的红柚和步骤1的西米糖浆。

7. 将冰凉的步骤6的甜品倒入碗中，然后装点上沥掉糖浆的西米以及红柚即可。

▶民间有故事说，观世音菩萨用杨枝沾甘露后一挥就可以使病人恢复健康，因此这款甜品据说代表着让人起死回生的甘露水。

金橘红枣无花果糖水

配方　成品约1.8升

金橘24个

红枣12个

＊红枣（干燥，见第357页）。

无花果（干）12个

南杏（杏仁，见第357页）20克

龙眼肉（干，见第357页）30克

黄冰糖（见第364页，捣碎）140克

水1.6升

1. 用水洗干净金橘、红枣、无花果、南杏和龙眼肉。

2. 将所有食材放入器皿中，盖上盖子后，用大火蒸约2小时。

＊如果是大的器皿，也可以分装入各个器皿中蒸煮。

酒酿桂花汤圆

配方　成品约1.8升

芋角面团（见第162页）360克
黑芝麻馅（见第271页）200克
甜酒糖浆

- 水1.2升
  酒酿400克
  ＊即中国甜酒。
  砂糖200克
  桂花酱（市面销售品）16克
- ＊桂花酱（见第362页），洗净。

1. 将馅料分成每份8克，放入冰箱中冷藏。
2. 将面团擀成长条，然后切分成每份15克的小面团，用手将小面团揿成直径约为3厘米的碗状面皮（见第20页，团子），将馅料盛放在面皮上，包成"圆球形"（见第26页）。
3. 将甜酒糖浆的食材全部放入锅中煮沸。
4. 用充足的热水煮步骤2的圆球，然后每个碗中分别盛放2颗圆球，然后倒入热气腾腾的步骤3中的糖浆。

酒酿

酒酿是在糯米中加入曲发酵而成的甜酒。中国称作酒酿。味道酸甜，用途宽广，可以用于烹饪或当作甜食的调味料用。本书中用到的是自酿的酒酿，市面上有多种款式，选用喜欢的即可。

布甸和啫喱

"冻布甸"是通过琼脂、明胶等物质将奶油冻或巴伐利亚奶油类凝固起来的冰冻布甸。

"热布甸"是在鸡蛋和椰奶等食材中加入淀粉类后加热制成的温热布甸。

除此之外，还有放凉后享用的布甸以及将当天的蛋液加热凝固制成的布甸。

另外，在布甸表面撒上砂糖，用烤炉焗成焦糖状的"焗布甸"也深受欢迎。

荔枝冻布甸

配方　12人份

※准备纱布。

荔枝（冰冻）500克
牛奶500克
砂糖70克
鲜奶油80克
鱼胶片（泡发，见第363页）9克
荔枝力娇酒2大匙

装点

荔枝（新鲜）12个

※将荔枝切半，去皮去核，冰镇后放入。

桂花啫喱（见第304页）全部

※制作桂花啫喱（见第304页步骤1—4），接着切成小块，冰镇后放入。

1

将冷冻的荔枝直接切半。

2

将去完壳与核的荔枝混合一起，流出的汁水也需要用到。

3

将步骤2中的荔枝与牛奶放入搅拌器中搅拌后，用纱布包住，拧纱布挤出汁水，取其中800克使用。

4

将砂糖与鲜奶油放入锅中加热。在即将沸腾前关火，加入鱼胶片，用锅中混合物的余热溶化鱼胶片。最后过滤到搅拌盆中。

5

将步骤4的搅拌盆放到冰水里，使混合物冷却，然后加入荔枝利久酒混合。

6

将混合物倒入容器中，放入冰箱冷藏一晚使其凝固。将布甸舀放到碗中，搭配上装点用的桂花啫喱和荔枝。

杧果冻布甸

杏仁豆腐

杧果冻布甸

配方　12人份

杧果酱200克
砂糖60克
牛奶400克
鲜奶油50克
杧果冰淇淋240克
鱼胶片（泡发，见第363页）9克

＊若使用琼脂16（见第363页鹿角菜胶）代替，则用量为7.3克。

柠檬汁1大匙
杧果去皮去核300克

椰子汁

┌ 牛奶200克
│ 椰奶粉（见第357页）20克
│ 鲜奶油50克
│ 无糖炼乳24克
└ 砂糖24克

1. 将杧果酱、砂糖、牛奶和鲜奶油放入锅中加热。在混合物即将沸腾时关火，加入鱼胶片，用余温溶化鱼胶片。
2. 将步骤1的混合物过滤入搅拌盆中，接着加入杧果冰淇淋，然后将搅拌盆放在冰水上，搅拌混合物使其变凉。
3. 之后加入柠檬汁，将所有混合物倒进容器中，放入冰箱冷藏一晚，使其凝固。
4. 制作椰子汁。将制作椰子汁的食材全部倒入锅中加热至沸腾，然后过滤放凉。
5. 将杧果切丁。将冰镇过的杧果和步骤3的混合物盛放在器皿（碗）中，淋上步骤4制成的椰子汁即可。

杏仁豆腐

配方　8人份

＊准备纱布。

杏仁豆腐

┌ 南杏（杏仁，见第357页）25克
│ 北杏（杏仁，见第357页）25克
│ 水225克
│ 牛奶425克
│ 鲜奶油200克
│ 砂糖75克
│ 鱼胶片（泡发，见第363页）9克
└ ＊若使用琼脂16（见第363页鹿角菜胶）代替，则用量为7.3克。

普洱茶啫喱

┌ 普洱茶茶叶10克
│ 砂糖70克
│ 鹿角菜胶（见第363页）6克
└ ＊使用琼脂16。

水200克
糖浆适量

＊砂糖与水以1:3的比例煮溶，放凉后放入1片柠檬片增添香气。

【 制作杏仁豆腐 】

1. 将杏仁（南杏和北杏）泡水一晚，变软。
2. 将步骤1中的杏仁和配方中的水量放入搅拌器中搅拌，然后倒入纱布中，通过拧纱布过滤出汁水，取其中225克使用。
3. 将步骤2的汁水、牛奶、鲜奶油和砂糖倒入锅中加热。在混合物即将沸腾时关火，加入鱼胶片，用余温溶化鱼胶片，最后将混合物过滤入搅拌盆中。
4. 将步骤3的搅拌盆放在冰水上，待里面的混合物变凉后倒入容器中，放冰箱冷藏一晚，使其凝固。

【 制作普洱茶啫喱 】

5. 用热水粗略洗一下普洱茶茶叶。在锅中倒入砂糖和鹿角菜胶，然后分多次加入配方中的水，并慢慢混合。接着加入洗过的茶叶，开火煮浓后过滤放凉。将混合物倒入容器中，放冰箱冷藏一晚，使其凝固。

【 加工 】

6. 将步骤4和步骤5的混合物盛放在器皿（碗）中，淋上适量糖浆即可。

椰汁山楂啫喱

茉莉花茶焗布甸

焗杞果西米布甸

椰汁山楂啫喱

配方　8人份

＊准备2个长方形烤盘（14厘米×11厘米、高4.5厘米）。

椰奶啫喱
┌ 椰奶（罐装）200克
│ 鲜奶油50克
│ 无糖炼乳25克
│ 砂糖25克
└ 鱼胶片（泡发，见第363页）8克

山楂啫喱
┌ 山楂饼（见第358页）60克
│ 水165克
│ 红石榴糖浆30克
│ 鱼胶片（泡发）5.5克
│ 覆盆子果酱25克
│ 鲜奶油75克
└ 力娇酒1大匙

【 制作椰奶啫喱 】

1.先将椰奶、鲜奶油、无糖炼乳和砂糖放入锅中混合，然后开火加热。在混合物沸腾前关火，加入鱼胶片，待混合物的余温溶化鱼胶片后，过滤备用。

＊椰奶含有油分，打开罐头后，应去除表层的油分。若混合有油分的话，则啫喱将难以凝固，且无透明感。

2.将步骤1的混合物倒入搅拌盆中，然后将搅拌盆放入冰水中降温，最后倒入长方形烤盘中。将长方形烤盘移入冰箱冷藏一晚，使混合物凝固。

【 制作山楂啫喱 】

3.将配方中的水量与红石榴糖浆放入搅拌盆中混合，接着加入山楂饼，然后用大火蒸软后过滤备用。

4.趁热将鱼胶片加入到步骤3的山楂水中，使其溶化。然后将搅拌盆放入冰水中降温，再混入覆盆子果酱。

5.将鲜奶油打发至六成，达到与步骤4混合液一样的稠度。

6.将步骤4的混合液与步骤5的鲜奶油混合，然后倒入力娇酒，最后倒入长方形烤盘中。将长方形烤盘移入冰箱冷藏一晚，使混合物凝固。

【 加工 】

7. 将椰奶啫喱和山楂啫喱分别切成1.5厘米的块状，然后盛入器皿中享用。

茉莉花茶焗布甸

配方　6个圆形器皿（直径6厘米）

茉莉花茶茶叶20克
牛奶100克
鲜奶油400克
蛋黄80克
砂糖35克
加工用
┌ 砂糖适量
└ ＊使用精制白砂糖和粗糖等。

1. 将茉莉花茶茶叶倒入搅拌盆中，然后倒入适量的热水，盖上盖子焖约5分钟至茶叶展开后，滤出茶叶。

2. 将牛奶和鲜奶油放入锅中，煮温即可。然后加入步骤1的茶叶后关火，盖上盖子闷约10分钟，过滤备用。

＊若时间过长会变苦。

3. 将蛋黄和砂糖倒入搅拌盆中，用打蛋器打发混合。然后倒入步骤2的混合液中，用滤网过滤，去掉混合物表面的气泡。

＊蛋黄和砂糖若打发过度，烘烤时表面会出现很多气泡。

4. 将步骤3分装到6个模具中，放入预热好的烤箱用，用180摄氏度隔水烘烤15～20分钟。

＊在步骤3中，蛋黄与砂糖的混合物与步骤2的混合液混合后应立即烘烤。若没有及时烘烤，表面会难以凝固。

5. 待布甸凝固后，从烤箱中取出放凉，然后放入冰箱冷藏。供应给客人享用时，在布甸表面撒上砂糖，用烤炉焗出焦糖状即可。

焗杧果西米布甸

配方　16个椭圆形器皿（长径7厘米、短径4.5厘米）

杧果去皮去核300克
西米（干）20克
柠檬汁少量
砂糖38克
吉士粉（见第356页）18克
玉米淀粉18克
黄油38克
鸡蛋60克
牛奶175克
炼乳38克
椰奶（罐装）25克

1. 将西米放入充足的热水中煮约20分钟，当西米透心后，用水冲洗掉它的黏液。将杧果切成约1.5厘米的方块，淋上柠檬汁。
2. 将砂糖、吉士粉、玉米淀粉和黄油倒入搅拌盆中混合。接着加入鸡蛋和步骤1的西米，充分混合。
3. 将牛奶、炼乳和椰奶倒入锅中煮温（即将沸腾为止），然后倒入步骤2的搅拌盆中，充分混合。
4. 按照先倒一半的步骤3的混合液，接着步骤1的杧果，然后再倒一半的混合液的顺序，倒完16个模具。然后将模具放入预热好的烤箱中，用200摄氏度（上火强火）隔水烘烤约30分钟。

▶其他水果如榴莲和焦糖香蕉（见第77页）等都合适。由于里面添加有淀粉，因此应趁热供应给客人。

杏仁焗布甸

什果桂花啫喱

汾酒桂花糕

杏仁焗布甸

配方 6个圆形器皿（直径6厘米）

*准备纱布。

南杏（杏仁，见第357页）100克

水180克

无糖炼乳150克

鲜奶油200克

蛋黄80克

砂糖40克

加工用

  ┌ 砂糖适量

  └ *使用精制白砂糖和粗糖等。

1. 用水泡发南杏一晚使其变软。将南杏和配方中的水倒入搅拌机中搅拌，然后用纱布包住后，拧纱布过滤出汁水，取其中200克使用。
2. 将过滤后的南杏、无糖炼乳和鲜奶油倒入锅中，煮温即可（沸腾前关火）。
3. 参照"茉莉花茶焗布甸"的步骤3—5制作蛋糊并焗好，用烤炉加工制成。

什果桂花啫喱

配方 5人份

桂花啫喱 成品约400克

  ┌ 桂花陈酒（见第361页）200毫升

  │ 砂糖40克

  │ 水140毫升

  │ 黑胡椒粒（敲碎研磨）1.5克

  │ 八角（见第360页）1克

  │ 桂皮条2克

  │ 丁香（见第360页）0.5克

  │ 鹿角菜胶（见第363页）10克

  │ *使用琼脂8。

  │ 桂花酱（市面销售品）2小匙

  └ *桂花酱（见第362页），洗净。

焦糖汁

*将砂糖放入锅中，变成焦黄色的焦糖后，加入鲜奶油制成，放凉备用。

  ┌ 砂糖40克

  └ 鲜奶油80克

水果适量

*比如巨峰葡萄、提子、杧果、桃子、葡萄柚、菠萝、草莓和奇异果等。需要去皮的水果应去皮，将水果切成合适的大小。

【 制作桂花啫喱 】

1. 将桂花陈酒和30克砂糖倒入锅中，加热至沸腾，使酒精挥发。接着倒入配方中的水和香辛料（黑胡椒粒、八角、桂皮条和丁香），加热至沸腾。
2. 将鹿角菜胶和10克砂糖放入搅拌盆中混合。
3. 将步骤1的混合液分多次加入步骤2中，溶化步骤2中的混合物，然后倒回步骤1的锅中，煮至沸腾。
4. 将步骤3的混合液过滤入搅拌盆中，趁热拌入桂花酱。将搅拌盆放在冰水中降温，待混合物变黏稠后倒入水果，放入冰箱冷藏，使其凝固。

*桂花酱若没有倒入热的糖浆中，则无法散发出它的香气来，且难以混合均匀。

【 加工 】

5. 将步骤4盛放在器皿中，淋上少许焦糖汁。

◎要点

控制冷却时间

　　啫喱制好时是柔软的。在步骤4中，若冷却过久，啫喱就会变硬，这样会影响水果与啫喱的一体感。

汾酒桂花糕

配方　2个长方形烤盘（14厘米×11厘米、高4.5厘米）

A
- 砂糖100克
- 水200克
- 鱼胶片（泡发，见第363页）25克

B
- 牛奶300克
- 椰奶（罐装）56克
  - ＊开罐后，先去除椰奶上层的油脂。若混入油脂，啫喱将难以凝固，且无法变透明。
- 炼乳38克
- 水75克
- 酒酿28克
  - ＊酒酿（见第293页）。

汾酒（见第361页）14克

C
- 砂糖28克
- 桂花酱（市面销售品）15克
  - ＊桂花酱（见第362页），洗净。
- 水112克

枸杞（见第357页）12克

＊将枸杞放在温热的糖浆（砂糖与水以1:3的比例煮溶）中泡发。

1. 将A中的砂糖和水倒入锅中煮温（即将沸腾）后关火，加入鱼胶片，用锅里的余温溶化鱼胶片。
2. 将B中的牛奶、椰奶、炼乳和水倒入另外一个锅中，然后混入200克步骤1的混合液，加热至即将沸腾。放入冰水中降温，使混合物冷却，然后用擦手纸吸走锅表面的油份。
3. 将酒酿和汾酒倒入步骤2混合物中混合，然后分装到长方形烤盘中，放入冰箱冷藏至表面稍微凝固时，淋上糖浆和点缀上枸杞。

＊在这一步骤中，若冷藏时凝固过久，表面就会变干，在步骤5中与C的啫喱将无法紧贴一起，制好后切开时，啫喱也会滑开变成两节。

4. 将C的食材倒入锅中加热，然后加入38克步骤1的混合物，将锅放在冰水上降温，使混合物冷却至稍微有点黏糊即可。
5. 待步骤3的啫喱表面凝固后，慢慢倒入步骤4的混合液，放入冰箱冷藏一晚，应静置不动，使其凝固。
6. 将成形的糕状物切成3.5厘米×2.5厘米的大小，盛放到碟子中。

雪糕

在中国，大量使用应季食材制成的雪糕和雪花酪等，很有可能会与"萨其马"（见第84页）、"驴打滚"（见第218页）、热气腾腾的"蛋挞"（见第112页）等点心一起组合搭配成甜品供应给客人，这将是一种充满魅力的形式。

老酒雪糕

配方　成品约980克

绍兴酒320克

＊使用糖度为19度的"善酿酒"。

无糖炼乳100克
鲜奶油200克
牛奶150克
蛋黄100克
砂糖110克

装点

＊用配方中的水泡发混合干果一晚。用大火蒸混合干果、丁香和黑胡椒粒30分钟，放凉。

┌ 混合干果100克
│ 水100克
│ 丁香（见第360页）0.3克
└ 黑胡椒粒（敲碎研磨）0.6克

1

将绍兴酒倒入锅中加热至稍微沸腾，通过加热使酒精挥发。

2

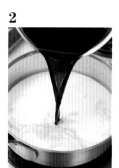

将无糖炼乳、鲜奶油和牛奶倒入另外一个锅中，加入步骤1的酒煮温即可。

3

将蛋黄和砂糖倒入搅拌盆中，用打蛋器打发混合物变白。

4

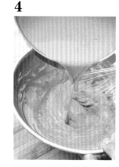

将步骤2的混合液分多次加入步骤3的搅拌盆中，充分混合。然后又倒回步骤2的锅中，用小火加热。

5

加热过程中不停地用橡胶铲搅拌，一直加热至83摄氏度混合物变稠。用手指在橡胶铲上划一下，可以清晰地看到痕迹即可。

6

将步骤5的糊状物过滤入搅拌盆中，然后一起放入冰水中，用橡胶铲搅拌使其冷却。

7

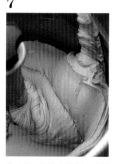

将步骤6的混合物倒入雪糕中搅拌。用温热的勺子将雪糕舀到器皿中。搭配沥干水分的混合果干一起享用。

◎要点

冰制食品在刚刚制成时享用最佳

搅拌制作过程中，雪糕纹理细腻，因空气进入变得很轻盈，口感很好。若长期冷冻储存雪糕会变硬，也容易与冰箱中其他食物串味，因此刚刚制成时直接享用才最佳。若雪糕变硬则应放在冰箱冷藏室慢慢解冻再享用。若时间不够，则给搅拌器安装上搅拌钩，搅拌至接近刚刚制成时的状态即可。

雪花酪

在大城市中，雪花酪是一种重要的冰制食品。
与日本相同，雪花酪多数在餐厅供应。在广东和香港称作"雪葩"。

茉莉花雪花酪

配方　成品约870克

茉莉花茶茶叶30克
水750克
砂糖120克
柠檬汁1小匙

1

将配方中的水倒入锅中煮沸后关火，倒入茉莉花茶茶叶。

2

用铝箔纸当作锅盖盖住茶叶。焖2分钟后滤出茶叶，取其中600克使用。

＊应注意焖茶的时间，过久会变苦

3

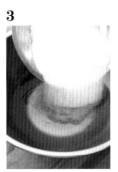

将砂糖加入步骤2的茶水中溶化。

4

将步骤3的液体过滤入搅拌盆中，放入冰水上一边搅拌一边降温至冷却，加入柠檬汁。

5

将步骤4的混合液倒入雪糕中搅拌。用温热的调羹挖出雪糕盛放到碗中。搭配茉莉花茶薄饼享用。

【 茉莉花茶薄饼的制作方法 】

配方

＊以下食材按照1:1的比例混合使用。

佛罗伦萨脆饼粉适量
使用过的茉莉花茶茶叶适量

1. 将佛罗伦萨脆饼粉分几处散放在铺了油纸的烤盘上。
2. 上分散放入茉莉花茶茶叶，然后在茶叶上方再撒一层佛罗伦萨脆饼粉，放入预热的烤箱中，用180摄氏度烘烤4分钟。

◎要点

使用稳定剂的优点

1. 加工制成浓稠的液体经过冷冻后，也不会冻得非常坚固，很容易就舀出来。
2. 冰冻后的成品颗粒细腻，不会很粗。
3. 若使用酒精、糖份和水份制成，按照这个顺序依次溶化，冰冻的顺序虽然是反过来的，但是稳定剂可以使它们充分溶解到一起。与雪糕相比，使用在雪花酪上的效果会更加明显。

　　若不使用稳定剂，则使用转化糖代替其中一部分砂糖，同样可以达到上述稳定剂的效果。

山楂雪糕

配方　成品约1.2千克

山楂条（见第358页）150克	牛奶200克
扶桑（干）10克	蛋黄100克
水450克	砂糖30克
炼乳100克	力娇酒3大匙
鲜奶油200克	力娇酒枸杞（见下方介绍）全部用量

1. 将山楂条和扶桑用配方中的水泡一晚，第二天变软后用大火蒸，蒸好后过滤备用。
2. 将炼乳、鲜奶油和牛奶倒入锅中，接着倒入步骤1的食材一起加热至温即可。
3. 参照"老酒雪糕"的步骤3—7（见第307页）制作山楂雪糕。区别在于，加入雪糕前先添加力娇酒，搅拌的过程中加入力娇酒枸杞。

【力娇酒枸杞的制作方法】

枸杞（见第357页）30克	水50克
砂糖50克	力娇酒3大匙

1. 将砂糖与配方中的水放入锅中煮沸，制成糖浆。
2. 用步骤1温热的糖浆泡发枸杞。然后将枸杞从糖浆中捞出，泡入力娇酒中。

花椒杏仁雪糕

配方　成品约800克

*准备纱布

	装点
南杏（杏仁，见第357页）50克	┌ 青花椒粉适量
青花椒（见第360页）6克	│ *将青花椒（见第360页）磨成粉末。
水300克	│ 青花椒糖浆适量
无糖炼乳200克	*用50克水煮溶50克砂糖成为糖浆，
鲜奶油150克	用热糖浆泡10克洗过的青花椒，放
蛋黄100克	凉。青花椒也会用到。
砂糖125克	

1. 用水（配方以外用量）泡发南杏一晚。用配方中的水泡青花椒一晚，第二天过滤成花椒水。将沥干的南杏和花椒水放入搅拌机中搅拌，然后倒入纱布中，通过拧纱布过滤出汁水，取其中225克使用。
2. 将步骤1的南杏、无糖炼乳和鲜奶油倒入锅中煮温即可。
3. 参照"老酒雪糕"的步骤3—7（见第307页）制作花椒杏仁雪糕。制好后撒上青花椒粉，淋上少许青花椒糖浆，在顶端点缀上几颗沾了糖浆的青花椒。

*可以与雪糕相同食材制作的曲奇饼干等点心搭配享用。

荔枝红茶雪糕

配方　成品约700克

荔枝红茶茶叶30克
牛奶370克
鲜奶油110克
蛋黄100克
砂糖90克
朗姆酒3大匙
装点如曲奇等适量

1. 将牛奶和鲜奶油倒入锅中煮温即可。在锅中加入荔枝红茶茶叶，关火并盖上盖子静置5分钟。当闻到香浓的茶香时过滤备用。

2. 参照"老酒雪糕"的步骤3—7（见第307页）制作荔枝红茶雪糕。区别在于将步骤1的混合液倒入"老酒雪糕"步骤4中混有蛋黄与砂糖的搅拌盆中。另外，加入雪糕前要倒入朗姆酒。可以与雪糕相同食材制作的曲奇饼干等点心搭配享用（如图）。

桂花雪花酪

配方　成品约1千克

桂花陈酒（见第361页）260克
桂花酱（市面销售品）20克

*桂花酱（见第362页），洗净。

水600克
砂糖120克
柠檬汁1小匙

1. 将桂花陈酒放入锅中煮沸，通过加热使酒精挥发。
2. 将配方中的水和砂糖放入另一个锅中煮沸，砂糖溶化后加入桂花酱和步骤1的酒。将混合物倒入搅拌盆中，然后一起放入冰水中使混合物冷却，最后加入柠檬汁。
3. 参照"茉莉花雪花酪"的步骤5（见第309页），将步骤2的混合物淋在雪糕上，盛放到碟子中。

山楂雪花酪

配方　成品约600克

山楂饼（见第358页）42克

水500克

砂糖30克

红枣4个

＊红枣（干燥，见第357页）。

扶桑（干）10克

蜂蜜3大匙

梅酒75克

1. 将山楂饼、水、砂糖、红枣、扶桑和蜂蜜倒入搅拌盆中，放入冰箱冷藏一晚。

2. 用大火蒸步骤1的食材约40分钟。放凉后取出红枣去核，然后用刀切碎，与蒸好的其他食材一同过滤入搅拌盆中。

3. 将梅酒放入锅中煮沸，通过加热使酒精挥发。然后倒进步骤2的混合物中，混合好后将所有混合物倒在搅拌盆中，一起放入冰水中使混合物冷却。

4. 参照"茉莉花雪花酪"的步骤5（见第309页），将步骤3中冷却的液体淋在雪糕上，盛放到碟子中。

＊可以与雪花酪相同食材制作的曲奇饼干等点心搭配享用。

三不粘

配方　8人份

绿豆粉（见第356页）35克
水300克
上白糖90克
蛋黄80克
猪油50克

1. 将绿豆粉和配方中的水倒入搅拌盆中混合，放入冰箱冷藏一晚。
2. 将上白糖加入到步骤1的绿豆粉中，搅拌至糖溶化。
3. 接着加入蛋黄，充分混合后将汤汁过滤掉。
4. 将配方中约7成的猪油倒入锅中加热，接着倒入步骤3的混合物慢慢加热混合。当混合物聚在一起后，用汤勺的底部敲打成团。加入剩余的猪油继续炒（图a～d）。当混合物表面光滑、富有光泽且具有弹性时，盛放到器皿中。

▶ "三不粘"的意思是，无论是调羹还是筷子、牙齿或者器皿，它都不粘。它是山东的甜食。

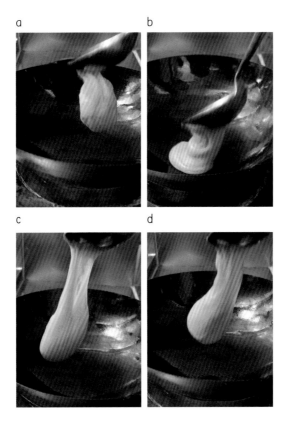

a

b

c

d

脆皮双果

配方　8人份

香蕉（切成1厘米宽的圆片）16片

椰奶馅（见第252）56克

桂花番薯（见第81页）8片

马铃薯淀粉适量

糖衣A（香蕉用）

＊糖衣制好后应立即使用。

> 蛋白200克
> 马铃薯淀粉20克
> 吉士粉（见第356页）1大匙
> 小麦粉40克
> 水1～2大匙

糖衣B（桂花番薯用）

> 小麦粉150克
> 马铃薯淀粉10克
> 泡打粉10克
> 水200克
> 油5大匙

【 准备材料 】

1. 依次用两片香蕉夹住7克椰奶馅。

2. 将桂花番薯切成与步骤1的香蕉椰奶馅同样大小、沥干。

【 制作两种糖衣 】

3. 用打蛋器充分打发糖衣A的蛋白。将马铃薯淀粉、吉士粉和小麦粉筛入打发好的蛋白中，粗略混合。最后倒入配方中的水，搅拌至光滑。

4. 将糖衣B的小麦粉、马铃薯淀粉和泡打粉倒入搅拌盆中，分多次加入配方中的水使粉类混合均匀。最后加入配方中的油，粗略混合。

【 加工 】

5. 将步骤1的香蕉沾少许马铃薯淀粉，然后沾步骤3的糖衣A，放入130～140摄氏度的油锅中油炸。待油锅中的那一面糖衣变硬后，翻面继续油炸至整体糖衣都变硬后捞出。

6. 将步骤2的桂花番薯沾少许马铃薯淀粉，然后沾步骤4的糖衣B，放入160～165摄氏度的油锅中油炸。接着放入步骤5的油炸香蕉，随着油温逐渐上升，炸至整体上色即可。

椰汁官燕

配方　2人份

燕窝（干，见第358页）5克
糖浆适量

＊冰糖与水以1:1的比例煮溶，放凉。

枸杞（见第357页）适量

＊砂糖与水以1:3的比例煮溶成糖浆，将枸杞放
　在温热的糖浆中泡发。

椰子利久酒适量

椰浆

┌ 椰奶（罐装）300克
│ 牛奶150克
│ 鲜奶油50克
│ 糖浆150克

　＊砂糖与水以1:3的比例煮溶，放凉。

│ 炼乳60克
└ 椰子利久酒30克

椰子（当器皿用）2个

＊将椰子外壳上方四分之一敲掉，倒出椰子水，
　椰子壳留做器皿用。

1. 用温水泡发燕窝，去除毛发和垃圾。将干净的燕窝放进
　 充足的热水中煮沸后沥水，然后加入糖浆，用大火蒸约
　 20分钟。放凉后倒在漏网上，过滤掉糖浆。

2. 将椰浆倒入锅中加热至沸腾，过滤使用。

3. 将椰浆分别倒入2个椰子壳中，用大火蒸约30分钟。

4. 燕窝蒸温后混入枸杞，洒上少许椰子力娇酒，然后一起
　 盛放到碗中，搭配步骤3的椰浆一起享用。

＊也可以将步骤3的椰浆与步骤1的燕窝一起蒸。

芝麻凉卷

配方　2条19厘米的长条

＊准备纱布。

糯米面团
- 糯米180克
- 黑米20克
- 砂糖30克

馅料　成品约160克
- 黑芝麻140克
- 芝麻馅（见第254页）20克

椰子粉（已经预处理，见第356页）适量

【 制作糯米面团 】

1. 将糯米和黑米分别用水冲洗干净后，用水泡一晚。将糯米放在筐中沥水，然后铺在拧干的纱布上，用大火蒸30分钟。黑米做完同样操作后，用大火蒸1小时，中途往锅里加3～4次水。

2. 将两种米混合放入搅拌盆中。趁热将米粒弄碎（留有一半米粒），然后拌入砂糖放凉。

【 制作馅料，加工 】

3. 炒香黑芝麻，趁热放入搅拌机中搅拌，与芝麻馅混合一起。

4. 逐条制作。用油纸夹住步骤2一半的米粒，再用擀面杖隔着油纸将米粒擀成19厘米×15厘米的长方形。

5. 与步骤4相同，用油纸夹住一半的芝麻馅，再用擀面杖擀成比米粒小一圈的尺寸。

6. 撕掉米粒的一边油纸，在米粒上方均匀地撒上椰子粉，再从上往下压平。撕掉芝麻馅的一边油纸，将撕掉油纸的这一面朝下铺在米粒上方，撕掉另一边油纸。将成品的长边横向摆放，从前端（靠身体）开始拎起油纸卷成漩涡状。用保鲜膜包起卷物，放入冰箱冷藏。

7. 撕掉保鲜膜和油纸，切成易于食用的大小。

＊存放几天后糯米会变硬，应尽早供应给客人享用。

炒核桃泥

配方　8人份

＊红枣的预处理方法参照第11页。

天津板栗40克

核桃（需要煮）80克

花生（需要煮）15克

腰果（需要煮）15克

干果25克

＊使用葡萄干、杏干、梨、红枣（糖渍或者蜜饯）和金橘，
　每种5克。

马蹄（已经预处理，见第356页）50克

椰子粉（已经预处理，见第356页）7克

鲜面包粉50克

炼乳50克

无糖炼乳25克

牛奶25克

砂糖25克

水100克

蛋黄20克

黄油25克

椰子利久酒2小匙

维夫饼干适量

1. 用食物料理机将天津板栗、核桃、花生、腰果和干果切碎，
   用刀将马蹄拍碎。

＊大的颗粒可以突出食物的味道和口感。

2. 将一半的黄油放入锅中，倒入步骤1的食材进去炒，接着加
   入椰子粉和一半的鲜面包粉，炒香至上色。

3. 继续加入炼乳、无糖炼乳、牛奶、砂糖和水，还有剩余的鲜
   面包粉后一起煮。最后混入蛋黄，加入剩下的黄油一起炒，
   最后加入椰子利久酒一起盛放到碗中，搭配维夫饼干一起
   享用。

姜汁撞奶

配方 8人份

＊准备纱布。

牛奶1015克

＊每180毫升含7.7克蛋白质。

鲜奶油85克

砂糖100克

生姜汁24克

＊将去皮的生姜洗干净，用擦菜板擦出生姜末，然后用纱布包住生姜末挤出姜汁。

糯米团子 8个

- 芋角面团（见第158页）120克
  【馅料】以下使用其中的72克
    黑芝麻（三次研磨，见第81页）50克
    花生酱25克
    ＊无糖无盐，含100%纯花生。
    猪油20克
- 三温糖（即黄砂糖）50克
- 水2大匙

【制作糯米团子】

1. 制作馅料。用配方中的水溶化三温糖，接着混入黑芝麻、花生酱和猪油。

2. 参照"搓沙圆"（见底208页）的制法，用15克面皮包住9克步骤1的馅料制成糯米团子，然后用一锅热水煮。

【制作姜汁撞奶】

3. 在8个碗中分别挤入3克姜汁。

4. 将牛奶、鲜奶油和砂糖倒入锅中加热至75～82摄氏度，使砂糖溶化。

＊若不加糯米团子，加热到70～82摄氏度便可以凝固了。

5. 将糯米团子加入到步骤3的碗中供应给客人。在客人面前，一口气倒入150克温热的步骤4的混合液（图a），然后静置几分钟至牛奶表面凝固。牛奶凝固后，切开糯米团子，与凝固的牛奶一起享用（图b）。

＊倒入牛奶的过程中要保持碗不能动。若动了，牛奶将难以凝固。

▶广东有两处有名的双皮奶。分别是广州沙湾镇的双皮奶和佛山大良镇的"大良双皮奶"。

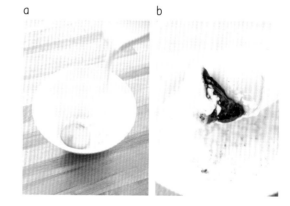

a   b

◎要点

> ### 利用生姜蛋白质分解酵素来发生凝固
>
> 　　生姜蛋白质分解酵素在牛奶蛋白质发生分解后，凝聚在一起形成胶状。
> 1. 新鲜的老姜带皮使用，不使用沉淀淀粉。
> 2. 有些生姜并不能使牛奶凝固，在挤生姜汁时要试一试是否可以凝固。若可以使牛奶凝固，挤出的生姜汁冷冻一晚还可以再次使用。
> 3. 生姜汁的用量约占被凝固的液体量的2%。若在温热时享用，生姜汁的比例多一些也没有关系，一旦变凉，口感就会变苦。
> 4. 应使用含高蛋白质的牛奶。

红枣桂花莲藕

配方　2条14厘米长的圆筒形

＊准备粗线和8根牙签。

莲藕2节

＊1节长有16厘米，直径为6厘米的莲藕。

糯米70克

黑米60克

红枣28个

＊红枣（见第357页）28个。

糖浆

  ┌ 水600克

  黄冰糖（见第364页，敲碎）1.2千克

  酒酿150克

  ＊酒酿（见第293页）。

  桂花酱（市面销售品）4大匙

  ＊桂花酱（见第362页），洗净。

  └ 桂花陈酒（见第361页）90毫升

1. 将糯米和黑米洗净，分别用水泡一晚。

2. 莲藕去皮后，用水冲洗。

3. 从两节莲藕的一端分别切下一段4厘米宽的莲藕。将切下的莲藕放着备用。

4. 将糯米和黑米分别塞满两节莲藕的孔中，然后用切下的那段莲藕当作盖子盖住莲藕的表面。在盖子的两端分别插入2根竹签，然后用粗绳缠绕使盖子与莲藕无法分开为止，最后用一锅热水煮莲藕约2小时。

5. 将糖浆配方中的食材倒入锅中煮沸后，倒进搅拌盆中，蒸1小时至黄冰糖全部溶化。

6. 将步骤4的莲藕筒红枣和莲子一起放入步骤5的糖浆中继续蒸1小时。

7. 蒸好后，取掉莲藕身上的粗绳和牙签，拿下莲藕节（盖子），将莲藕切成1～1.5厘米宽，同步骤6的红枣和莲子一起盛放到器皿中。

▶剩余的糖浆可以在下一次继续使用，也可以用热水冲成糖水来饮用。

杏香爱玉啫喱

配方　成品约650克

＊准备纱布。

爱玉啫喱

- 砂糖95克
- 水500克
- 蜂蜜⅓大匙
- 桂花陈酒（见第361页）55克
- 爱玉子（见第363页）19克

杏仁茶汁　成品约240克

- 南杏（杏仁，见第357页）25克
- 水50克
- 砂糖20克
- 牛奶110克
- 鲜奶油50克
- 水溶玉米淀粉适量

＊水与玉米淀粉以1:1的比例混合制成。

水果适量

＊比如巨峰葡萄、提子、杧果、桃子、哈密瓜、
　葡萄柚、菠萝、草莓和奇异果等。需要去皮的
　水果应去皮，将水果切成合适的大小。

【制作爱玉啫喱】

1. 将砂糖、水和蜂蜜一起倒入锅中加热至砂糖溶化。待糖水放凉后，
   加入桂花陈酒。

2. 用纱布包住爱玉子后，放入步骤1的混合液中充分揉搓。当混合
   液变浓，便倒入容器中，放入冰箱冷藏至凉。

＊爱玉子在常温下是固态。

【制作杏仁茶汁】

3. 将南杏泡在配方中的水中2小时。然后放在搅拌机中搅拌，用纱
   布拧出杏仁水，取其中55克使用。

4. 将步骤3的杏仁水、砂糖、牛奶和鲜奶油倒入锅中加热至沸腾。
   接着加入水溶玉米淀粉，混合液变得稍微浓稠就过滤放凉。

【加工】

5. 在器皿中盛放冰镇水果、爱玉啫喱，最后倒入杏仁茶汁即可。

山水豆腐花

配方　成品约1.6升

＊准备木桶（直径12厘米、高15厘米）。

豆浆1.2千克

水450克

石膏粉（硫酸钙，见第363页）4克

玉米淀粉7克

片糖（见第364页）适量

生姜糖浆（见右下方）适量

1. 将豆浆和配方中的水倒入锅中混合，然后分盛150克到搅拌盆中。

2. 将步骤1锅中剩余的液体蒸温后倒入奶锅中，用小火加热。火候大小为火苗没有超出锅底，小心撇掉浮沫，夹出豆皮的同时还要注意不能糊锅，加热约3分钟。

＊保持即将沸腾的状态。

3. 将石膏粉和玉米淀粉倒入另一个搅拌盆中，然后加入步骤1分盛出来的150克液体，搅拌至充分溶化（图a）。

＊应在要使用前再混入豆浆，否则混合过早，豆浆会凝固。

4. 先将步骤2中⅓的量倒入木桶中，接着将步骤2中⅓的量与步骤3的混合液同时倒入木桶中（图b）。倒入木桶的液体分别都像绳索那么粗，在木桶上方汇聚成一条水柱流入其中。最后倒入步骤2余下的⅓，用木勺轻轻搅拌混合。

5. 去掉混合物表面浮起的泡沫。盖上盖子静置约10分钟至其凝固。

6. 将步骤5的混合物舀放到器皿中，淋上生姜糖浆，撒上片糖碎即可。

▶豆腐花也称作"豆腐脑"，淋上糖浆制成甜食，淋上生抽则变成小吃。

【 生姜糖浆的制作方法 】

将生姜去皮后取40克切块，然后拍碎。将600克水与生姜放入锅中加热至沸腾，加入200克砂糖煮溶。待糖浆带有生姜的香气时，过滤糖浆去掉生姜。

a　　　　　　　　　b

第7章
小吃

　　"小吃"与点心有着相同的意思，过去大多数是由小贩们走街串巷地贩卖，很少会在店铺中出售。

　　在这一章中主要介绍之前章节中还未介绍到的、没有使用面团（面糊）制作的点心。

　　使用烤炉制作的烧鸭、叉烧等"烧味"、用盐腌制过的肉干和鱼等"腊味"、用特制调味料煮的鸡鸭等"卤味"，以及面类和饭类尽管都包含在"小吃"中，但因篇幅有限，这里就不再一一介绍了。

　　关于饭类的点心，在这章中只介绍"粽子"（见第328页）。

　　另外，粽子的包法多种，这里按照粽子的种类展开，会介绍到四种包法。

　　大部分的点心和小吃都只需要加热较短的时间，它们常用到蒸、煮、炸等烹饪方法。这里介绍的多数点心都是通过蒸制而成，在对凤爪、猪手、金钱肚和牛百叶等预先处理、预先烹饪的技巧中，可以看到其中的精髓——经过蒸制这种简单的烹饪方法也能制作出美味的食品。鱼类和贝类、肉、蔬菜以及各种各样的食材与酱汁和调味料要如何组合才能制作出具有特色的点心，是制作小吃的妙趣之一，让烹饪过程充满了魅力。

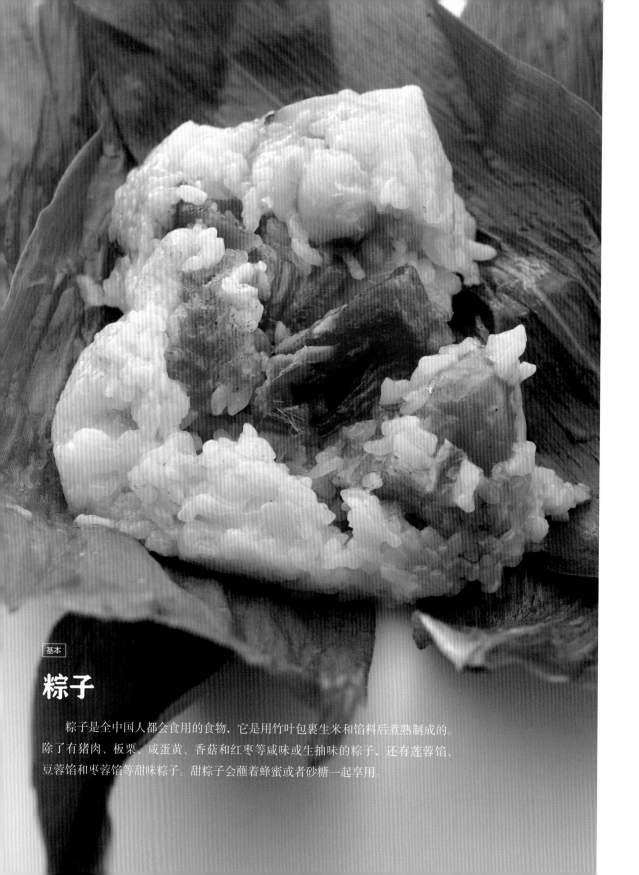

粽子

　　粽子是全中国人都会食用的食物，它是用竹叶包裹生米和馅料后煮熟制成的。除了有猪肉、板栗、咸蛋黄、香菇和红枣等咸味或生抽味的粽子，还有莲蓉馅、豆蓉馅和枣蓉馅等甜味粽子。甜粽子会蘸着蜂蜜或者砂糖一起享用。

什锦咸肉粽

配方　10个

※准备40片山白竹和粗绳。

糯米600克
咸蛋黄（见第359页）5个
烧肉（见第367页）200克

※若没有现成的烧肉，可以在市场采购。

五花肉200克
莲子（干：泡发，见第357页）20个
新鲜板栗5个

※将板栗去壳去皮，切半备用。

糯米的调味料
- 盐9克
- 花生油40克

预先准备烧肉的调味料
- 盐2.5克
- 砂糖2.5克
- 五香粉2.5克
- 胡椒少量
- 芝麻油10克

预先准备五花肉的调味料
- 盐2.5克
- 砂糖2.5克
- 五香粉2.5克

1

在烹饪1小时前洗净糯米并将糯米泡在水中。接着沥干糯米的水分，然后与糯米的调味料混合，分成10等份。

2

将咸蛋黄切分成两半。烧肉和五花肉分成10等份，分别与各自预先准备好的调味料混合。

3

准备食材，参照"包法1"（见第330页）包粽子。首先在竹叶中盛放1个粽子所需一半的糯米。

4

接着依次放入2个莲子、板栗、半个蛋黄、烧肉和五花肉分别1块以及剩下另一半的糯米，然后用竹叶包紧，最后用粗绳绑紧即可。

5

当满满一锅热水沸腾后，放入粽子，保持水面有一两处处于沸腾的状态，煮1.5～2小时。煮好后关火，放凉为止。

供应前

从锅中捞出粽子，将它们吊在通风良好的地方，控干水分。供应给客人时应蒸热。

◎专栏

粽子的来历

　　楚国的政治家兼诗人屈原因秦国消灭了自己的国家而感到悲痛，在农历五月初五这一天投汨罗江自尽。楚国人民为了悼念他，在竹筒中塞满大米，投入河中祭祀他。到了汉朝，长沙（湖南省的省会）有一位叫作欧回的人做梦梦见屈原在他梦里说道："君常见祭，甚善。但常所遗，若为蛟龙所窃。今若有惠，可以楝叶塞其上，以五彩丝缚之。"从此，在端午节这一天享用粽子的习俗就延续下来。

粽子的包法

包法1
用竹叶包成四角锥形

见什锦咸肉粽（见第329页）
▶用粽叶包住生米加热后，糯米虽然会膨胀，但是用四片竹叶包裹后，就算用绳子绕得很紧实也不会开裂。

1

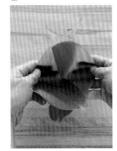

将两片竹叶的纹路面朝上，然后从中间折起竹叶并交叉放置，交叉处出现一个凹处。

2

在步骤1中交叉出的凹处按顺序放入1个粽子所需的半份糯米以及所有馅料，再覆盖剩余的半份糯米。

3

将另外两片竹叶的纹路面朝上，分别从左右两侧稍微交叉放在最底下与上方的竹叶重叠。

4

将左右两侧的竹叶朝里折叠覆盖住糯米。

5

用手将最里侧的竹叶捏到一起后，朝中间折叠。

6

前边（靠身体）的竹叶同样像中间折叠，折成正方形，然后调整形状。

7

反复操作后包成四角锥形状。

8

用粗绳绑紧竹叶，使其不能散开。首先用粗线上下绕紧竹叶，接着反复操作上一步骤。

包法2

使用荷叶和竹皮

见裹蒸粽子（见第334页）

▶生米加热后会膨发，用竹皮和荷叶进行双层包裹后，就算用绳子绕得很紧实也不会开裂。干荷叶和干竹皮的泡发方法见第335页的步骤1和5。

1

将荷叶的纹路面朝下放置，折痕放在左右两侧。将两片竹皮的纹路面朝下放在荷叶上，稍微重叠两片竹皮的中间部分。

2

在竹皮的中间部分依次盛放1个粽子所需的半份糯米以及所有的馅料，再覆盖上剩余的半份糯米。

3

将竹皮的左右两端朝中间靠拢，用指尖按住竹皮下的糯米来维持形状。

4

折叠左侧的荷叶与竹皮重叠。

5

右边的荷叶做同样操作，折叠后往下按压。

6

将前边（靠身前）⅓的荷叶朝反方向折叠，接着将里头的荷叶朝反方向折叠过来，总共折成三折。

7

刚刚折成三折后的样子。用粗绳绕成"井"字绑紧即可。

用竹叶包成四角形

见莲蓉碱水粽（见第336页）

1

将3片竹叶的纹路面朝上放置，其中中间的叶子分别垫一小部分在另外两片叶子的上方。

2

在中间叶子的上方依次盛放1个粽子所需的半份糯米以及所有馅料，再覆盖上剩余的半份糯米。

3

另外取1片竹叶对折出折线，然后展开将纹路面朝下放在中间（糯米上方）。

4

将左侧的竹叶朝里折，叠加在中间竹叶的上方。用指尖按住竹叶维持形状，以免糯米散开。

5

右侧的竹叶同样朝里折，叠加在中间竹叶的上方，用指尖按住竹叶维持形状。

6

将前方（靠身前）约⅓的竹叶朝反方向折叠。

7

里侧的竹叶也朝反方向折叠，折成三折。

8

用粗绳绕成"井"字绑紧。竹叶里裹着生米，加热会膨发。所以绕绳的时候要保证能听到糯米晃动的声音，以此避免加热时因糯米膨发而导致竹叶开裂。

包法4

用竹皮包成常见款

见栗子猪肉粽（见第337页）
▶竹皮（干）的泡发方法见
第337页步骤1。

1

将竹皮的纹路面朝下放置，
用手抓住竹皮的前端，将前
端⅓往里折叠。右端往里折
叠5毫米，用左手的无名指和
小指按压住折叠部分。

2

将步骤1按压的右端朝下，
打开上方的竹叶，呈V形。

3

在中间凹陷处依次放入1个
粽子所需的半份糯米以及所
有馅料，再覆盖上剩余的半
份糯米。

4

将左右两边的竹皮往里靠拢，
用双手的拇指按压住最里侧，
使上方的竹皮呈等边三角形，
用双手食指将里侧立起来的
等边三角形竹皮岩者虚线部
分往前（靠身前）折叠。

5

用右手将折叠下来的竹皮从
上往下覆盖。

6

用手抓住折叠下来的竹皮往
身前拽，将上方的那一面调
整成等边三角形。

7

将剩余的竹皮朝左折叠，不
能超过三角形的那一面。

8

用嘴咬住粗绳的一端，然后
拉开粗绳缠绕步骤7的形状至
绑紧。竹皮若有剩余应剪掉。

裹蒸粽子

配方　10个

※准备10片荷叶（干）、20片竹皮（干）和粗绳。

糯米600克

绿豆（去皮）300克

五花肉200克

烧肉（见第367页）100克

烧鸭（见第367页）100克

※若没有现成的烧肉和烧鸭，可以在市场采购。

蛋黄（见第359页）5个

新鲜板栗5个

香菇（泡发，见第359页）10小片

糯米的调味料

⎡ 盐9克

⎣ 花生油40克

绿豆的调味料

⎡ 盐3.5克

｜ 沙姜粉1.5克

｜ ※将姜科植物山奈的根茎磨成粉末。

｜ 花生油20克

⎣ 碱水少量

五花肉的调味料

⎡ 五香粉2.5克

⎣ 盐2.5克

餐桌上提供的调味料

⎣ 生抽适量

1. 将绿豆洗净用水浸泡一晚，荷叶和竹皮也用水浸泡一晚。

2. 糯米在烹饪前1小时洗净，用水浸泡。

3. 将步骤1和步骤2的食材沥干水分，糯米和绿豆分别与各自的调味料混合后，分别分成10等份。

4. 将五花肉分成10等份，加入五花肉的调味料混合。将烧肉和烧鸭分别分成10等份，蛋黄切半。将板栗去壳去皮，切半。

5. 将浸泡在水中的荷叶和竹皮水煮后，沥干水分。由于荷叶茎部的顶点处是有厚度的扇形（小山形状），所以将荷叶的纹路面朝下放平，将中间凸起的部分折平，切成边长为30厘米的正方形。将竹皮切成30厘米长。

6. 在荷叶和竹皮上先盛放半份（1个粽子所需的量的半份）步骤4的糯米和半份绿豆，接着依次放入五花肉、烧肉、烧鸭和香菇各1个以及咸蛋黄和板栗各1块，最后覆盖上半份糯米和半份绿豆，然后用荷叶和竹皮包起，用粗绳绑紧（见第331页"包法2"）。

7. 参照"什锦咸肉粽"的步骤5（见第329页）将粽子煮熟。

8. 煮好后关火，静置放凉。将粽子捞出吊在通风良好的地方，控干多余的水分。供应给客人享用时应加热。根据个人喜好搭配生抽享用。

▶广东味十足的多馅粽子。"裹"有卷和包的意思。

莲蓉碱水粽

配方 10个

＊准备40片山白竹和粗绳。

糯米600克

咸蛋黄（见第359页）5个

莲蓉馅225克

威化纸（见第235页，直径15厘米）2.5张

＊将一张威化纸分成4等份，总共分出10张。

糯米的调味料

- 小苏打1.5克
- 碱水15克
- 花生油60克

餐桌上搭配的调味料

- 砂糖适量
- 蜂蜜适量

1. 在烹饪前1小时洗净糯米，然后用水浸泡。沥干糯米的水分，加入调味料混合后，分成10等份。

2. 将咸蛋黄切半，莲蓉馅分成10等份。先用莲蓉馅包住半个咸蛋黄，接着用¼张中国威化纸包住莲蓉馅（图a）。

＊用竹叶包住糯米时，糯米进入到莲蓉馅中，则无法加热通透。

3. 在竹叶中盛放1个粽子所需的半份糯米的用量，在糯米上方放入步骤2的莲蓉馅，再覆盖上另半份糯米，最后用粗绳绑紧（见第332页的"包法3"）。

4. 参照"什锦咸肉粽"的步骤5（见第329页），煮粽子约2小时。煮好后关火，静置约1个半小时。然后捞出粽子，将粽子吊在通风良好的地方，控干多余的水分。供应给客人享用时应加热。蘸着砂糖或者蜂蜜一起享用。

▶制成的粽子，碱水的味道中透着糯米独特的黏性与香气，粽子呈透明的黄色。

a

栗子猪肉粽

配方 10个

※准备10片竹皮和粗绳。

糯米600克

五花肉180克

香菇（需要泡发，见第359页）50克

竹笋70克

虾米（需要泡发，见第358页）30克

天津板栗10个

葱绿部分、生姜皮分别适量

油适量

五花肉的调味料

[绍兴酒½小匙
[生抽½小匙

炖的调味汁

[二汤（见第364页）600毫升
  生抽2大匙
  老抽½小匙
  蚝油2大匙
  盐⅔小匙
  胡椒少量
[砂糖1小匙

炒的调味料

[葱油（见第365页）1大匙
[芝麻油2小匙

1. 将糯米洗净后用水浸泡一晚。将竹皮也浸泡在水里一晚，然后水煮竹皮后沥干水分。

2. 将五花肉、香菇和竹笋分别分成10等份。

3. 将五花肉与它的调味料混合后，高温油炸。竹笋水焯去味，拧干竹笋的水分后直接油炸。

4. 在锅里倒入适量的油，倒入葱和生姜皮爆香，接着加入炖的调味汁中的食材、步骤3和步骤2的香菇进去熬煮。将汤汁熬至约剩下一杯的量。

※也可以先将炖的调味汁中的食材混合，加入其他食材（步骤3和步骤2的香菇）一起蒸软，然后再熬煮。

5. 将步骤4的材料过滤后，分出汤汁与食材。去掉葱与生姜皮。

6. 在过中倒入炒的调味料中的葱油，倒入虾米爆香后，加入步骤1沥干水分的糯米进去炒。然后分多次倒入步骤5过滤出的汤汁的同时，不断炒糯米，当糯米吸收完所有汤汁后，加入芝麻油炒均匀，再盛放到搪瓷烤盘中。待放凉后分成10等份。

7. 在竹皮上先盛放1个粽子需用到的半份糯米，接着在糯米上依次放入五花肉、竹笋和香菇各1份、1小块板栗，最后覆盖上剩余的半份糯米，然后用竹皮包起，并用粗绳绑紧（见第333页"包法4"）。

8. 用大火蒸粽子20～30分钟。

油条

◎专栏

油条的来历

油条也称作油炸鬼。

英雄岳飞死于发布压制专政的南宋宰相秦桧的阴谋下。老百姓们非常憎恨秦桧，街边商贩用小麦粉面团比作秦桧夫妇，一边扭转面团一边拉伸面团，然后放入热油锅中油炸来表达愤怒。

以此为契机，各地都在制作油条，发展成能食用的点心。

配方　约15条

面团

┌ 低筋面粉250克
│ 高筋面粉250克
│ 泡打粉3克
│ 小苏打3克
│ 盐10克　　　　将小苏打、盐、
│ 臭粉6克　　　　臭粉和水混合
└ 水350克

干粉适量

油适量

1. 将低筋面粉、高筋面粉和泡打粉一起过筛。
2. 将步骤1的粉类与已经混合好的小苏打和水等食材倒入搅拌器的搅拌盆中，装上搅拌钩，用低速搅拌所有食材至充分混合。
3. 粉类混合后改中速搅拌。搅拌过程会产生麸质，面团会缠绕在搅拌钩上，面团表面紧实光滑。
4. 当面团变光滑后改高速搅拌，麸质的组织逐渐变强。当听到"吧嗒吧嗒"的声响时，取少许面团用手抻开看看。若能拉出薄膜即可。虽然麸质的组织变强，但在高速搅拌过程中，其中一部分麸质会受到破坏，所以调回中速搅拌均匀使麸质得以修复。
5. 将面团放到撒了干粉的台面上，用擀面杖擀开面团。将面团长边横向摆放，折成三折，宽约为8厘米。将折好的面团放入撒了少许干粉的搪瓷烤盘中，用保鲜膜覆盖住，放入冰箱冷藏一晚使面团松弛。
6. 将面团从冰箱取出，长边横向摆放，用擀面杖擀成1厘米厚、8厘米宽、60厘米长的带状，并让面团恢复常温。
7. 从面团一端开始在2厘米宽的位置切下两条面团，将第二条面团叠放在第一条面团的上方，用刀锋按压面团的中间部分（图a～b）。
8. 拎起面团的两端，一边拉伸一边扭转，将面团拉长至25～30厘米，然后放入170～175摄氏度的油锅中油炸（图c）。当面团浮出油面，用筷子转动面团的同时炸至颜色金黄和酥脆。同样操作完所有面团，总计15条。

＊面团制好后无法存放，应立即油炸。

a　　　　　　　b　　　　　　　c

乳香咸煎饼

配方　16个

面团

低筋面粉250克
高筋面粉250克
泡打粉3克
小苏打3克 ┐
盐10克 │ 将小苏打、盐、臭粉、
臭粉6克 │ 砂糖和水混合
砂糖20克 │
水350克 ┘
油50克

腐乳（见第359页，碎糊状）50克
大蒜（切碎）30克

＊用水洗干净后沥干水分。

白芝麻适量
干粉、油分别适量

1. 参照"油条"的步骤1—3制作面团。区别是，当面团表面紧实光滑时，换低速搅拌，并分多次加入配方中的油的同时不断搅拌。

2. 当油混入面团中时，换成高速搅拌，麸质的组织逐渐变强。当听到"吧嗒吧嗒"的声音时，用手取少许面团抻开看看，若能拉出薄膜即可。虽然麸质的组织变强，但是高速搅拌过程中其中一部分麸质会受到破坏，所以调到中速搅拌均匀使麸质得以修复。

3. 将步骤2的面团放在撒了干粉的台面上，用擀面杖将面团擀长，并将长边横向摆放，折成三折。将折好的面团放入撒了少许干粉搪瓷烤盘中，盖上保鲜膜，放入冰箱冷藏一晚使面团松弛。

4. 将步骤3的面团分成2等份。用擀面杖分别擀成30厘米×30厘米的正方形面皮，在面皮表面每间隔5～6毫米处，用刮板斜着刮出线条。将腐乳抹在整个面皮表面，撒上炸蒜蓉，从前端（靠身前）开始卷成卷。另外1个面皮做同样操作，总计制成2个卷。

5. 将1个卷分成8等份。将切口朝上放置，用手压成直径约12厘米的圆饼，在圆饼中间撒上白芝麻。将白芝麻面朝下，放入170～175摄氏度的油锅中炸。当圆饼浮出油面，用筷子翻面，炸至颜色金黄和酥脆。

▶ 在广州，作为粥点的配点，乳香咸煎饼和油条都是人气点心。《随园食单》中，粥点要趁着热气腾腾的时候享用。粥点搭配腐乳和炸蒜蓉食用非常美味。

梅子蒸鱿鱼仔

配方

鱿鱼仔650克
秋葵12根
梅子干3个
盐适量

调味料

┌ 马铃薯淀粉30克
│ 盐7.5克
│ 砂糖37.5克
│ 胡椒少量
│ 梅子肉30克
│ 番茄酱50克
│ 水35克
│ 新鲜红辣椒（切圆片）适量 ┐
│ 炸蒜蓉（见第247页）4克 ├ 新鲜红辣椒、炸蒜蓉和
│ 生姜（切丝）30克 ┘ 生姜用于提香
│ 辣椒油4克
│ 芝麻油7.5克
└ 花生油21克

1. 在不破坏鱿鱼仔内脏的前提下拔出里面的软骨。剪掉鱿鱼仔的眼睛和嘴巴（图a），然后将鱿鱼仔切半。擦干鱿鱼仔的水分，取其中600克使用。

2. 将步骤1的鱿鱼仔倒入搅拌盆中，撒入调味料中的马铃薯淀粉。接着倒入盐、砂糖、胡椒、梅子肉、番茄酱和水混合。最后倒入提香用的配菜、辣椒油、芝麻油和花生油混合。

3. 切掉秋葵的头部，然后用盐揉洗，这样秋葵用热水焯时不会掉色。将秋葵沥干水分后，1根切成3等份。

4. 梅子干去籽，切碎。

5. 将秋葵和梅子干倒入步骤2的搅拌盆中粗略搅拌下，便分装到各个小碗中，用大火蒸约4分钟。

a

豉椒蒸凤爪

配方

凤爪（萝卜泥拌辣椒粉）30个

油适量

煮的调味料

- 热水1升
- 麦芽饴糖（见第364页）160克

蒸的调味料

- 水适量
- 葱绿部分少量
- 生姜皮少量
- 八角（见第360页）1个

调味料

- 马铃薯淀粉6克
- 盐5.6克
- 砂糖11克
- 胡椒少量
- 生抽4克
- 蚝油7.5克
- 沙爹酱（见第362页）4克
- 叉烧酱（见第248页）60克
- 豆豉（已经预先处理，见第362页）11克
- 炸蒜蓉（见第247页）4克
- 新鲜红辣椒（切圆片）1个
- 辣椒油4克
- 芝麻油7克
- 花生油37克

1. 将凤爪的指甲以及表面黄色的薄皮去掉，然后与煮的调味料中的食材一起放入锅中煮，煮好后沥干水分。

2. 用190～200摄氏度的油炸步骤1的凤爪至颜色金黄。

＊油炸凤爪时，油会四处飞溅，一定要盖上锅盖。

3. 将蒸的调味料中的食材倒入搅拌盆中混合，接着倒入步骤2的凤爪，用大火蒸约2小时，然后取出来用水好好冲洗一下。

4. 将1个凤爪（只是鸡掌部位）切分成2～3等份（图a）备用。用干布包住凤爪，放入冰箱冷藏一晚。取其中600克使用。

＊鸡掌部位的肉多，切掉部位也可以使用。

5. 将步骤4的凤爪倒入搅拌盆中，撒入调味料中的马铃薯淀粉，接着加入盐、砂糖、胡椒、生抽、蚝油、沙爹酱和叉烧酱混合。然后依次加入调味料中剩下的食材（图b），静置约30分钟，使凤爪入味。

6. 将凤爪分装到各个小碗中，用大火蒸20～30分钟。

a   b

姜葱牛百叶

配方

牛百叶（牛的第三个胃）2350克

*最好是新鲜、肉厚实、整体都呈灰色的牛百叶。

腐皮（半干，见第359页：23厘米×32厘米）1.5片

碱水适量

油适量

蒸牛百叶用的材料

- 水3升
- 小苏打1小匙

牛百叶的调味料

- 马铃薯淀粉12克
- ┌ 盐11克
- 砂糖20克 ┐ 将盐、砂糖、胡椒和
- 胡椒½小匙 │ 生姜汁混合
- └ 生姜汁50毫升 ┘
- ┌ 炸蒜蓉（见第247页）1大匙
- 生姜（切丝）30克 ┐ 炸蒜蓉、生姜、葱和
- 葱（切细）40克 │ 新鲜红辣椒用来提香
- └ 新鲜红辣椒（切成圆片）20克 ┘
- 芝麻油7克
- └ 花生油37克

腐皮的调味料

- 马铃薯淀粉、盐和砂糖分别适量
- └ 蚝油适量

1. 将牛百叶用流水冲洗干净。将牛百叶浸泡在适量的碱水与水混合的液体中（碱水与水用量相同）约30分钟，然后用手指擦掉表面灰色的皮（图a），再用流水冲洗。

2. 用水清洗煮过的牛百叶。将牛百叶放入蒸牛百叶用的材料中，用大火蒸75～90分钟至一次性筷子可以很容易插进牛百叶中的软度即可，然后用水冲洗干净。最后沥干水分（图b）。

3. 沿着牛百叶的褶皱，切成5～6片，然后再切成一口大小（图c～d），用干布包住牛百叶，放入冰箱冷藏一晚。取其中600克使用。

4. 将牛百叶放入搅拌盆中，打入调味料中的马铃薯淀粉。接着加入混合好的食材（盐和生姜汁）。然后加入提香用的配菜，最后依次加入芝麻油和花生油，静置约30分钟使牛百叶入味。

5. 将腐皮切成合适的大小后，放入165摄氏度的油锅中油炸至表面出现气泡，然后放入水中浸泡。待腐皮变软后，放入热水中煮出油脂后沥干，最后加入腐皮的调味料搅拌均匀。

6. 将步骤5的腐皮和步骤4的牛百叶分装在各个小碗中，并盛放入调味汁，然后用大火蒸约5分钟。

▶牛百叶的褶子去除后，口感既不会太软也不会太硬，非常爽口。

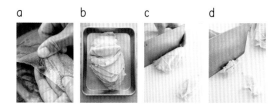

蚝油鲜竹卷

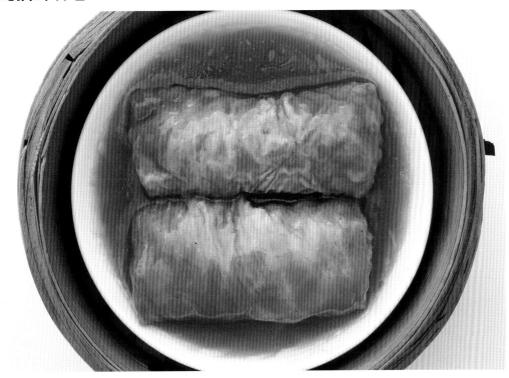

配方　30个

腐皮（半干，见第359页，23厘米×32厘米）5张

鸡丝馅（见第242页）500克

油适量

酱汁

┌ 二汤（见第364页）600毫升

　绍兴酒2大匙

　砂糖1⅓小匙

　蚝油2大匙

　生抽2大匙

　老抽⅔大匙

　水溶马铃薯淀粉4～6大匙

└ 芝麻油适量

面糊

＊混合以下食材。

┌ 低筋面粉3大匙

└ 水3大匙

1. 将腐皮的长边横向摆放，横向切半，纵向切成3等份，即1张腐皮变成6小张。将1小张腐皮的尖角朝身体反方向展开，在身前的腐皮上盛放1/30量的馅料（图a）。按照春卷的要领来包裹馅料，用面糊封口（图b，见第165页"韭黄鸡丝春卷"的步骤1）。

2. 将酱汁中的二汤、绍兴酒、砂糖、蚝油、生抽和老抽倒入锅中煮沸。接着倒入水溶马铃薯淀粉勾芡，然后倒入芝麻油，最后将制好的酱汁倒进搪瓷烤盘中。

3. 用170～180摄氏度的油炸步骤1的腐皮至表面出现气泡，趁热倒入步骤2的酱汁中，一直放凉为止（图c）。

4. 在每一个小碟中分别盛放2条步骤3的腐皮，用大火蒸约20分钟。

＊大批量制作时，直接用大火蒸泡在酱汁中的鲜竹卷约15分钟，然后放凉后盛放到小碟中，蒸5～7分钟供应给客人享用。

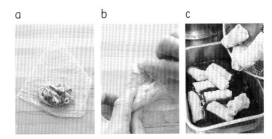

榄豉蒸鳝鱼

豉汁蒸排骨

沙爹金钱肚

榄豉蒸鳝鱼

配方

鳝鱼370克

黑橄榄（去核）5个

调味料

```
┌ 马铃薯淀粉11克
  盐5克
  砂糖10克
  鱼酱（见第361页）1小匙          将盐、砂糖、鱼酱、
  老抽5克                         老抽、胡椒、生姜汁
  胡椒适量                        和榄豉酱混合
  生姜汁15克
  榄豉酱（见第366页）30克
  炸蒜蓉（见第247页）2小匙
  生姜（切碎）15克                炸蒜蓉、生姜、大葱和
  葱（切碎）15克                  新鲜红辣椒用来提香
  新鲜红辣椒（切圆片）40克
  辣椒油3克
  芝麻油3克
└ 花生油15克
```

1. 将鳝鱼放入温水中，去除黏液。切下鳝鱼头和背鳍后，将鳝鱼鱼身切成1.5厘米宽的筒状，去除内脏。用水冲洗干净，然后用干布擦干水分。取其中300克使用。
2. 将鳝鱼放入搅拌盆中，撒入马铃薯淀粉。接着倒入调味料中混合好的食材（盐和榄豉酱）混合。然后加入提香用的配菜和分半的黑橄榄，最后倒入辣椒油、芝麻油和花生油搅拌，静置约30分钟使鳝鱼入味。
3. 将步骤2中调好的鳝鱼分装到各个小碗中，用大火蒸7～8分钟。

豉汁蒸排骨

配方

猪排骨670克

泡排骨的液体

＊将以下食材混合。

```
┌ 水600克
└ 小苏打2小匙
```

豆豉芡汁（见第16页）

```
┌ 马铃薯淀粉19克
  盐7.5克
  老抽适量
  砂糖19克
  生抽4克                        将盐、老抽、砂糖、
  胡椒少量                        生抽、胡椒、面豉酱、
  面豉酱4克                       梅肉和蚝油混合
  梅肉4克
  蚝油7.5克
  豆豉（已经预处理，见第362页）1½小匙
  炸蒜蓉（见第247页）4克          炸蒜蓉、生姜和新鲜
  生姜（切丝）适量                红辣椒用来提香
  新鲜红辣椒（切圆片）适量
  辣椒油4克
  芝麻油4克
└ 花生油37.5克
```

1. 将排骨切成一口大小，然后放入泡排骨的液体中浸泡约30分钟。
2. 用流水冲洗排骨约30分钟去除膻味，然后沥干水分。用干布包住排骨，放入冰箱冷藏一晚。取其中600克使用。
3. 将步骤2中的排骨放入搅拌盆中，撒入调味料中的马铃薯淀粉。接着加入混合好的食材（盐和蚝油）。然后依次加入豆豉、提香用的配菜、辣椒油、芝麻油和花生油，静置约30分钟使排骨入味。
4. 将步骤3的排骨分装在各个小碗中，用大火蒸8～10分钟。

▶用豆豉芡汁即"豉汁"蒸鱼头的"豉汁蒸鱼云"以及使用鳝鱼的"豉汁蒸鳝鱼"等都非常有人气。

沙爹金钱肚

配方

金钱肚（牛的第二个胃）650克

油条（见第338页）1条

预先准备金钱肚的调味料

- 水4升
- 绍兴酒2大匙
- 白胡椒粒10粒
- 八角（见第360页）1个
- 葱绿部分、生姜皮分别适量

蒸金钱肚的调味料

- 马铃薯淀粉20克
- 盐3.5克
- 砂糖9克
- 胡椒少量
- 蚝油56克
- 叉烧酱（见第248页）56克
- 沙爹酱（见第362页）20克
- 炸蒜蓉（见第247页）11克
- 新鲜红辣椒（切圆片）40克
- 辣椒油½小匙
- 芝麻油7克
- 花生油11克

将盐、砂糖、胡椒、蚝油、叉烧酱和沙爹酱混合

1. 先煮金钱肚，再用水洗干净。然后与蒸金钱肚的调味料一起蒸约3小时至软，用水冲洗去掉膻味。
2. 将金钱肚切成易于享用的大小，沥干水分后，用干布包住放入冰箱冷藏一晚。取其中600克使用。
3. 将步骤2的金钱肚倒入搅拌盆中，撒入调味料中的马铃薯淀粉，接着加入混合好的盐和沙爹酱等食材，搅拌均匀。然后加入炸蒜蓉和新鲜红辣椒混合，最后加入辣椒油、芝麻油和花生油混合均匀，静置约30分钟，使金钱肚入味。
4. 将油条切成1.5厘米宽，放入170摄氏度的油锅中油炸。
5. 将步骤3和步骤4的食材分别盛放在小碗中，用大火蒸约10分钟。

▶蜂窝状的褶皱看着像一枚枚铜钱，因此得名"金钱肚"。

豉汁煎鱼球

沙爹蒸蛏子

香煎芋丝饼

XO酱滑子鸡

豉汁煎鱼球

配方　16个

香菇（直径4厘米）16个
鱼胶馅（见第244页）240克
油适量
预先准备香菇的调味料
┌ 盐少量
│ 胡椒少量
└ 马铃薯淀粉适量
豆豉芡汁（见第16页）
┌ 大蒜（切碎）10克
│ 生姜（切碎）10克
│ 干辣椒（去籽）3条
│ 豆豉（已经预处理，见第362页）2大匙
│ 绍兴酒10克
│ 二汤（见第364页）300克
│ 蚝油15克
│ 生抽20克
│ 砂糖10克
│ 水溶玉米淀粉适量
│ ＊水与玉米淀粉以1:1的比例混合。
└ 芝麻适量

1. 将香菇的茎部切下，在香菇伞的内侧划口子，倒入预先准备好的调味料。接着撒上马铃薯淀粉，用铲子刮入15克鱼胶馅，为了受热均匀，在表面的馅料处中间留有凹陷。
2. 制作豆豉芡汁。在锅中倒入少量油，加入大蒜、生姜和干辣椒炒爆香。接着加入豆豉，待香味出来后加入绍兴酒、二汤、蚝油、生抽和砂糖调味。最后倒入水溶玉米淀粉勾芡，拌入芝麻油即可。
3. 在锅中加热适量油，将步骤1的馅料端朝下依次摆放在锅中，盖上盖子。待馅料端上色后，翻面继续煎制两面颜色金黄即可。
4. 将步骤3的鱼球盛到碟子中，淋上步骤2温热的酱汁。

沙爹蒸蛏子

配方　16个

蛏子16个（650克）
贝壳焯水后留作器皿用
盐适量
调味料
┌ 马铃薯淀粉19克
│ 盐4克
│ 砂糖11克
│ 胡椒少量
│ 生抽25克
│ 蚝油10克
│ 沙爹酱（见第362页）37.5克
│ 老抽少量
│ 炸蒜蓉（见第247页）11克　┐ 炸蒜蓉、新鲜红辣椒、
│ 新鲜红辣椒（切圆片）1个 ├ 生姜和葱绿用于提香
│ 生姜（切丝）30克　　　　┘
│ 葱绿（切碎）6根
│ 芝麻油4克
│ 花生油11克
└ 辣椒油2小匙

1. 将蛏子用盐水浸泡一晚，将沙吐出来。
2. 取出蛏子的贝肉，用水冲洗干净后沥干水分，取其中600克使用。将蛏子切半放入搅拌盆中，撒上调味料中的马铃薯淀粉。接着倒入盐、砂糖、胡椒、生抽和老抽混合。最后依次加提香用的配菜、芝麻油、花生油和辣椒油。
3. 将步骤2中已调好的蛏子盛放到已经预处理的贝壳中，用大火蒸约3分钟。

▶这个调味料与贝类、虾和鱼等海鲜食材非常搭配。还有很多贝类都可以与粉丝一起清蒸。

香煎芋丝饼

配方　1个搪瓷烤盘（23厘米×29厘米）

芋头（见第163页）500克

胡萝卜80克

烧鸭（烧鸭见第367页）150克

※若没有现成的烧鸭，也可以从市场上采购。

马铃薯淀粉、花生油分别少量

调味料

┌ 砂糖13克
│ 盐4克
│ 五香粉2克
│ 澄粉35克
└ 马铃薯淀粉35克

1. 将芋头、胡萝卜和烧鸭分别切成5毫米宽的丝状，然后倒入搅拌盆中，拌入调味料。

2. 将一半的芋头丝像摆放棋盘一样摆放在铺了油纸的烤盘上，在芋头上方铺上烧鸭和胡萝卜。接着在顶端像棋盘一样摆放完剩下的芋头丝，蒸约10分钟。

3. 蒸好后，在顶端铺上油纸，用同样大小的烤盘从上往下按压调整形状，然后放凉。

4. 待冷却后拿掉烤盘和油纸，纵向摆放成品的长边，然后纵向切成4等份，横向切成11等份。在成品表面撒上薄薄一层马铃薯淀粉后，放入倒了花生油的平底锅中煎至两面喷香即可。

XO酱滑子鸡

配方

鸡腿肉630克

舞茸（灰树花）250克

鸡肉的调味料

┌ 马铃薯淀粉19克
│ 盐7.5克
│ 砂糖19克
│ 胡椒少量　　　　　将盐、砂糖、胡椒、生抽、
│ 生抽4克　　　　　　蚝油和生姜汁混合
│ 蚝油7.5克
│ 生姜汁1小匙
│ 芝麻油4克
│ 花生油37克
│ 葱（切成1厘米粗的圆段）½条
│ 生姜（切片）适量
│ 炸蒜蓉（见第247页）½小匙
│ 辣椒油¼小匙
└ 自制XO酱（见第366页）75克

※若没有现成的XO酱，也可以从市场上采购。

舞茸的调味料

┌ 马铃薯淀粉、盐、砂糖分别少量
└ 蚝油少量

1. 将鸡腿肉切成适合的大小，然后用干布吸干鸡腿肉的水分，取其中600克使用。

2. 将鸡腿肉放入搅拌盆中，撒入调味料中的马铃薯淀粉。接着拌入盐和生姜汁的混合物，加入芝麻油和花生油。放置约30分钟使鸡腿肉入味，最后加入葱段、生姜、炸蒜蓉、辣椒油和自制XO酱。

3. 将舞茸一片片撕下来，用热水焯一下，然后沥干水分，拌入调味料。

4. 将舞茸和鸡腿肉盛放到小碗中，用大火蒸7～8分钟。

▶从这个菜谱中去掉炸蒜蓉、辣椒油和XO酱，即可做成"清蒸滑子鸡"。

南乳花生猪手

配方

＊准备纱布。

猪手2只

去皮花生100克

大蒜40克

葱绿部分50克

生姜50克

油少量

调味料

水700克

腐乳（见第359页）75克

＊处理成碎糊状。

砂糖56克

生抽37.5克

花生酱15克

＊不添加砂糖和食盐，100%纯花生酱。

面豉酱（见第361页）49克

草果（见第360页）适量 ┐

桂皮（见第360页）适量 │

八角（见第360页）适量 ├ 从草果到红米都是香辛料

陈皮（见第360页）适量 │

红米（见第360页）7.5克 ┘

1. 将猪手表面的毛发烧掉后，纵向切半，去除猪蹄。再将猪手切成3厘米宽的块状。

2. 用充足的热水烧开猪手，去掉浮沫后，用水泡一晚，取其中600克使用。

3. 将花生用水浸泡一晚后变软，然后煮花生。

4. 在锅中倒入少许油，接着倒入大蒜、葱绿和生姜皮爆香。接着加入调味料、纱布包裹的香辛料、猪手和花生炒沸，去掉浮沫（图a～b）。

5. 将步骤4的食材倒入搅拌盆中，用大火蒸约2个半小时。待冷却后挑掉葱和生姜皮。

6. 将步骤5的猪手分别装在各个小碗中，用大火蒸约10分钟后供应给客人享用。

a 　b

麻辣蒸大蛤

配方　8个

＊准备纱布。

糯米150克

大蛤（紫石房蛤）4个

＊煮熟4个大蛤后开成两半，用贝壳当器皿用。

虾米（需要泡发，见第358页）30克

香菜（切碎）适量

糯米的调味料

- 葱油（见第365页）1大匙
- 盐少量
- 砂糖少量
- 生抽1小匙
- 蚝油1小匙
- 花椒1小匙

预先准备大蛤的调味料

- 马铃薯淀粉12克
- 盐3.7克
- 砂糖5克
- 胡椒少量
- 豆豉（加辣椒油，见第362页）20克
- 老抽2克
- 葱绿（切碎）25克
- 生姜（切碎）20克
- 花生油10克
- 芝麻油4克

1. 将糯米放在水里泡30分钟后沥干，然后铺在拧干的纱布上，用大火蒸约12分钟。蒸完后重量约为250克。
2. 在步骤1的糯米中加入少量水慢慢揉开。在锅中倒入糯米的调味料中的葱油和虾米炒香，再倒入糯米一起炒。接着倒入盐、砂糖、生抽和老抽一起炒香后盛出，拌入有马山椒。
3. 将大蛤的贝肉从壳里取出，并切下贝壳上的瑶柱。将贝肉切块后与瑶柱混合一起，取其中320克使用。
4. 将步骤3的贝肉和瑶柱倒入搅拌盆中，接着撒满大蛤调味料中的马铃薯淀粉。最后依次加入盐、砂糖、胡椒、豆豉、老抽、葱绿、生姜、花生油和芝麻油。
5. 将步骤2炒好的糯米分成8等份，分别盛放在8个贝壳中，在糯米上方放入贝肉和瑶柱（图a）。
6. 用大火蒸4～5分钟，在顶端点缀上香菜。

a

荷叶糯米鸡

配方　10个

*准备2片荷叶（干）、10片鲜荷叶（直径约30厘米）和纱布。

糯米600克

馅料
- 鸡腿肉55克
- 叉烧肉（见第248页）55克
- 叉烧五花肉55克

*参照"制作叉烧肉"（见第248页）的步骤，将叉烧肉换成五花肉来制作。

- 虾仁（已经预处理，见第258页）55克
- 竹笋30克
- 虾米（需要泡发，见第358页）30克
- 大蒜（切碎）适量
- 生姜酒（见第366页）少量

油适量

糯米的调味料
- 葱油（见第365页）20克
- 盐5.5克
- 砂糖15克
- 泡发瑶柱的酱汁适量
- 蚝油5克
- 二汤（见第364页）55克

馅料的调味料
- 绍兴酒适量
- 二汤110克
- 盐3.7克
- 砂糖7.5克
- 蚝油3克
- 生抽3克
- 胡椒适量
- 老抽适量
- 芝麻油2克
- 水溶马铃薯淀粉适量

1. 将糯米和干荷叶分别用水浸泡一晚。糯米沥干水分后，平铺在拧干的纱布上，用大火蒸约1小时。趁热加入糯米的调味料，在糯米没有产生黏性的前提下粗略搅拌一下。

2. 制作馅料。将鸡腿肉、叉烧肉、叉烧五花肉、虾仁和竹笋切成7毫米的方块。将虾米切碎。

3. 在鸡腿肉、叉烧肉、叉烧五花肉、虾仁和竹笋中加入生姜酒，再用热水稍微焯一下。

4. 在锅里倒入适量油，倒入步骤2的虾米和大蒜一起炒香。接着倒入步骤3的食材一起炒，然后倒入馅料调味料中的绍兴酒、二汤、盐、砂糖、蚝油、生抽、胡椒、老抽和芝麻油，用小火煮约30秒。最后倒入水溶马铃薯淀粉勾芡，盛出来放凉。

5. 用水煮步骤1的荷叶后，擦干荷叶表面的水分。将1片荷叶分成5等份。

6. 将步骤5中1份荷叶的纹路面朝下摆放，在荷叶中盛放约50克糯米。接着盛放30克步骤4的馅料，馅料上方再盛放40克糯米。用荷叶将馅料包裹起来（见第331页"包法"的步骤4—7）。区别是荷叶较小，不需要用竹皮包裹。用大火蒸约7分钟。

7. 蒸好后拆掉步骤6的荷叶，用煮过的新鲜荷叶替代，重新包裹住里面的内容，供应给客人享用时应加热。

*使用新鲜的荷叶，制好的荷叶糯米鸡会呈现出绿意和新鲜的感觉。若没有新鲜的荷叶，就直接供应步骤6的成品给客人享用即可。

材料一览

此处所记载食材的名称都是中文与它的标准读法。
【 】内是日语的名称，或者是日本的叫法。若没有日本的叫法，则没有【 】。

◎ 蔬菜、菌类

荸荠【马蹄】

荸荠属于莎草科。它的特点是吃起来"咔嚓咔嚓"的，清脆可口。削掉茶色外皮后，露出里面白色的果肉，味道像梨一样甘甜。从它的形状上来看，上海称作"地栗"，广东称作"马蹄"。本书介绍的食谱使用的是新鲜荸荠，若没有新鲜的，也可以用罐头荸荠替代。

【预处理】

若是新鲜的荸荠，则去皮直接使用。若是罐头荸荠，则放入热水中煮去味后再使用。

草菇【草菇】

草菇属于光柄菇科的菌类。它喜好高温多湿的地方，生长在堆积的稻草上。皮膜（口袋）饱满的即为良品。若是草菇罐头，使用时应在皮膜上划入切口，放入热水中煮去味后再使用。

山药【山药】

山药属于薯蓣的一种。它浑圆的形状看起来像圆球或是紧握的拳头，黏性特别强。有黑皮和白皮两种。它与中国的荔浦芋和槟榔芋相同，可以用于制作"芋角面团"（见第162页）。

◎ 粉类

澄粉【小麦淀粉】

澄粉是小麦淀粉。它也称作"贯雪面"。当澄粉用于制作面团时，会用热水揉面，蒸制出的成品晶莹剔透，口感很好。若加进糯米粉、米粉和小麦粉等面团时，有着像滑冰的口感。

马蹄粉【马蹄粉】

马蹄粉是马蹄制的淀粉。它的味道很香，比马铃薯淀粉和玉米淀粉的黏性强。用于制作"桂林马蹄糕"（见第231页、第233页）等各种"糕品"（见第160页）以及用来调制馅料。

糯米粉【糯米粉】

糯米粉是将浸泡过的糯米磨碎后用经过水洗，然后用压榨机脱水、烘干制成。它除了用于制作点心，还用来作油炸点心的裹衣。日本产的糯米粉是颗粒状的，台湾产的是粉状的，二者性质上没有很大区别。

绿豆粉【绿豆粉】

绿豆粉是绿豆制的淀粉。绿豆粉与水混合成面团，制成的成品经过加热后晶莹剔透，且富有嚼劲。绿豆据说有解热、解毒和利尿的作用，夏天常用绿豆制成糖水或粥来食用。绿豆粉也是制作粉丝的原料。

吉士粉【吉士粉】

吉士粉是在淀粉中添加食盐、香草的香料和黄色食用色素混合制成。用于烹饪和点心中，可以提香、添色和勾芡。若吉士粉与食材没有充分混合，则会残留有黄色斑点。

糕粉【寒梅粉】

糕粉是将蒸熟的糯米捣碎制成年糕，然后再将烘烤过的年糕（不能变色）研磨成粉制成。糕粉的黏性特别强，主要用于将添加了多种果仁的"五仁馅"（见第241页、第269页）中的食材混合在一起。在日本，在梅花开花的寒冷季节，便将新米磨成粉，因而将糕粉称作"寒梅粉"。

粘米粉【上新粉】

粘米粉也称作米粉。它是将粳米洗净后烘干，直接研磨成粉制成。日本产的粘米粉的原料是粳稻（Japonica rice），加热后黏性较高，而中国台湾产的粘米粉的原料是籼稻（Indica rice），加热后黏性低于日本产的。

椰子粉【椰子粉】

椰子粉是用机器烘干成熟的椰肉的胚乳后，将其切碎或制成粉末状。

【预处理】

先将椰子粉倒入热水中，然后用干布沥干水分。

椰奶粉【椰奶粉】

椰奶粉是将椰奶喷成喷雾状后，再烘干成粉末状而成。它可替代椰奶使用。虽然椰奶粉的香味不如椰奶，但是它易于保存。

杧果粉【杧果粉】

杧果粉是杧果经过冻干加工（先急速冷冻，再在真空状态下脱水）制成。主要用于混合在面团或者馅料中，以及用于饮料中。

◎ 果仁与其加工品、糖渍

南杏

北杏

南杏、北杏【杏仁】

南杏是真正的杏仁，也称作甜杏仁，味道甘甜。北杏是西伯利亚杏仁和东北杏仁，它的香味与苦味都很强，主要用于药用。基本上以使用南杏为主，北杏为辅来增添香味。

橄榄仁【橄榄仁】

橄榄仁无论是从色泽上还是形状上都与西洋橄榄极其相似，因为也被称作中国橄榄。它属于橄榄的一种，是乌榄的果仁。烘烤或者油炸后十分美味。橄榄仁的油脂含量高，容易受损，不易于长期保存，应根据所需来购买。

糖冬瓜【糖渍冬瓜】

糖冬瓜是将冬瓜去皮，用木椰子拍碎后取出冬瓜籽，接着浸泡在石灰水中，然后用水洗净石灰，最后用糖浆熬煮制成。它除了直接作为茶点享用，还用于制作甜馅。

莲子【莲子（干）】

莲子是将莲子去皮后烘干制成。以湖南产的最有名气。中药中称作莲子，据说有益于心脏和脾脏。

【泡发方法】

将莲子浸泡在水中使其含有水分，然后蒸至软绵，或者将含有水分的莲子放入注了热水的保温杯中泡发。莲子中间的芯味苦，应用竹签等工具剔除

糖莲子【糖渍莲子】

糖莲子是将莲子去皮，拔掉中间的芯后，用糖浆熬煮至砂糖结晶或者直接撒满砂糖制成。市场上有出售甜莲豆，主要用作茶点。

坚果糖膏
【果仁糖（praline）】

坚果糖膏是将巴旦木放入糖浆中裹糖后，熬煮成焦糖状后再制成膏状的食品。

◎ 水果与其加工品

红枣【枣子】

红枣是将熟透的枣子弄干制成的。在中国，人们自古以来就食用红枣，常用在汤水和甜品中。中医称作"大枣"，据说有着滋养强壮、安定精神的作用。加工品有经过熏蒸变干的黑枣和用糖浆煮后再弄干的蜜枣等。

龙眼
（新鲜）

龙眼肉

龙眼【龙眼】

龙眼是无患子科植物的果实，有新鲜龙眼和龙眼干。新鲜的龙眼与荔枝相似，外皮是硬壳，有鳞斑状。剥掉黄色的外壳，会露出透明多汁的果肉。龙眼干被淡褐色的硬壳包裹着，售卖时会将中间的果肉（龙眼肉）去除，既可以作为茶点享用，又可以将龙眼肉放入器皿（杯子）中，然后倒入热水，使果肉的香气转移到热水中饮用。

枸杞子【枸杞】

枸杞子是将茄科植物枸杞的成熟果实烘干制成。它味道甘甜，放入水中或者酒中浸泡使其泡发，用在烹饪或者甜点中。在中药中，据说有利于治疗高血压和头晕。宁夏产的枸杞品质最好。

荔枝【荔枝】

荔枝的产地在中国。主要产地在广东、福建、四川和台湾等地方。荔枝的外皮是红色的硬壳，有鳞斑状突起，剥掉外壳后会露出透明水嫩的甜果肉。每年5～7月是荔枝成熟的季节，它容易受损，若拔掉它的枝干则很快就会变干，因此采摘售卖时一定要保留枝叶。荔枝也有冷冻和罐头荔枝。荔枝干会作为中药使用。

糖水金橘【糖浆煮金橘】

糖水金橘是用糖浆煮金橘制成。混在面团或是馅料中使用，也可以直接作为茶点享用。

山楂条（上）山楂饼（下）

山楂条/山楂饼是在捣碎的山楂果实中加入砂糖，然后调整形状烘干制成。有条状（山楂条）和薄圆饼状（山楂饼）。山楂饼比山楂条颜色鲜红，淀粉含量较少，黏性也较低。它们的口感酸甜，可以直接食用。也可以放在溶化的果汁中或甜点上，或者可以作为糖醋肉等菜谱的甜醋用。

朗姆酒葡萄干
【朗姆酒泡过的葡萄干】

朗姆酒葡萄干是将葡萄干浸泡在朗姆酒中制成。

【制作方法】

用水焯葡萄干，去掉它们表面的油脂。沥干葡萄干表面水分后，干炒至水分全无、产生黏性，趁热浸泡在所需的朗姆酒中（表面没有油脂的葡萄干不需要水焯，可以直接浸泡在朗姆中）。将朗姆酒和葡萄干一起倒入密封容器中，冷藏保存。

◎ 干燥品

虾籽【虾的卵】

虾籽是由虾卵加工制成。主要添加在熬煮的料理中，增添风味和口感。它与大蒜一起干炒后，倒入密封容器中，在常温下保存。

大地鱼（上）大地鱼粉（下）

大地鱼是打开比目鱼类的鱼背部到中间骨头位置后烘干制成的。烘干后将大地鱼制成粉末状，称作大地鱼粉。大地鱼的味道香甜，会添加到云吞的馅料中，在煮海参、鱼膘和面条时也会添加一些大地鱼。

【大地鱼粉的制作方法】

将大地鱼去骨去皮，放在约180摄氏度的烤箱（电子烤箱也可以）中烘烤，再用搅拌器磨成粉。最后装入密封容器中，常温下保存。

海参【干海参】

海参与朝鲜人参一样有着滋养的作用，因此得名海参。中国有超过60种以上的海参种类，其中约有20种是可食用的。大致区分为带刺的刺参和无刺的光参。此外还有泡发后的冷冻品出售。

【泡发方法】

1. 用水浸泡海参一晚。
2. 将一锅热水煮沸后，倒入海参并关火，打开锅盖放凉为止。换2～3次水的同时重复前面的操作。
3. 待整个海参变软，切开海参的腹部，去除中间的脏物和筋。放3～5天后，再次重复步骤2的操作。待海参泡发后，若不立即使用，则需冷冻储存。

木耳【木海蜇】

日本产

中国产

木耳由于它的形状形似耳朵，因此写作木耳，它的口感吃起来像海蜇，因此在日文中叫作"木海蜇"。木耳有日本产和中国产，在香港将大又硬的日本产称作木耳，小又软的中国产称作云耳。

【泡发方法】

将木耳浸泡在水中一晚，使其充满水分，去掉木耳根。将木耳沥干水分后，加入马铃薯淀粉充分揉搓，然后用水洗净污垢。

鱼翅【鱼翅】

鱼翅是鲨鱼的鳍。主要由鲨鱼的背鳍、胸鳍和尾鳍制作而成。形状完整的鱼翅称作排翅，像粉丝一样散开的鱼翅称作散翅。除了鱼翅干，还会出售冷冻品、罐头鱼翅和软罐头鱼翅。本书中使用的鱼翅都是冷冻品。

燕窝【燕子的窝】

燕窝是在印度尼西亚、马来西亚和泰国等峭壁上的洞穴里，金丝燕（雨燕科中的洞穴燕）用它黏性很强的唾液像吐丝一样制成的窝。采集燕窝非常困难，可以采取到的量也极少，因而价格昂贵。6厘米左右的燕盏重量约为14克。由于纯胶质享用是无法品尝它的美味，所以会放在糖浆中或上等的汤汁中一起感受它的美味和顺滑。

虾米【干虾】

虾米是由盐水煮小虾后烘干制成的。分有海水产、淡水产、去壳和带壳。它的味道浓，烹饪中用来增添食物的味道或是用来做XO酱的食材。

【泡发方法】

将虾米的表面洗净，浸泡在水中一晚后，在它上方放入香葱和生姜，蒸约20分钟。

干贝【干瑶柱】

干贝是将江瑶或者扇贝等贝类的瑶柱煮熟后烘干制成。整个或是切薄片售卖。除了用于蒸煮，还用在浇汁料理中，可以增添一番风味，或是加入到烧卖的馅料中。另外还可泡发干贝，制作富有干贝香气的水。

【泡发方法】

去除干贝白色坚硬的部位，放在所需的水量中浸泡一晚，然后在干贝上方放入香葱和生姜头，蒸约20分钟。

山蜇菜【山海蜇菜】

山蜇菜是将山蜇菜的茎部切细后烘干制成。山蜇菜基本都是从中国进口的。用水泡发后，吃起来口感就像海蜇一样，因此得名山蜇菜。日本也有培植山蜇菜，可以像使用黄瓜一样食用它的茎部。

香菇【干香菇】

伞上有菊花形状裂纹的香菇称作"花菇"，花菇的品质是香菇中最好的。

【泡发方法】

将香菇浸泡在水中一晚后去除香菇柄，然后用加了盐、砂糖、胡椒、香葱和生姜头的汤水（或者水）蒸约20分钟。待香菇放凉后沥干水分，放冰箱冷藏保存。

腐皮【豆腐皮】

腐皮是将煮沸的豆浆（以大豆为主原料的植物蛋白质饮料）冷却至80摄氏度，取出脂肪和蛋白质形成的薄膜，在阴凉处风干制成。常使用它的半干品，中国产的腐皮比日本产的厚，圆形的偏多。取出薄膜时，将它卷成条状风干制成的称作"腐竹"。

◎ 盐腌保存品、咸（酱）菜

咸鱼【盐腌制的鱼】

咸鱼是将曹白鱼、白姑鱼和斑鰶等鱼的内脏清理干净，用盐浸发酵烘干制成。在日本，市场上销售有将马友（南方斑鰶）切小并泡在油中的瓶装罐头。咸鱼可以配粥吃，也可以用来炒菜或煮来，可以增添一番味道。

火腿【中国火腿】

火腿是将猪后腿按照盐渍，洗净、晒干和整形后发酵成熟而制成的。浙江金华一带制作的"南腿"、江苏省如皋一带的"北腿"和云南省宣威的"云腿"等都很有名气。

皮蛋【皮蛋】

皮蛋是先在鸭蛋表面涂上石灰、草木灰、盐和软泥等东西，再涂满稻谷壳，然后静置15～30天后，使碱性浸透入鸭蛋中制成。鸭蛋的蛋白质发生变质，蛋白变成茶色的啫喱状，蛋黄变成深绿色。将蛋黄是半熟的皮蛋称作"溏心皮蛋"，蛋黄凝固的皮蛋称作"硬心皮蛋"。

【预处理】

使用的前一天将皮蛋去壳切半，静置使其散掉氨气的臭味。

天津冬菜

"冬菜"是将白菜和芥菜等腌渍物，在冬天的时候加工制成，因而得名冬菜。天津冬菜是将切碎的白菜与大蒜和盐一起浸泡的腌渍物。

咸蛋黄【盐腌制的蛋黄】

咸蛋黄是将鸭蛋浸泡在泥和盐的混合物或草木灰和盐的混合物中，再或浸泡在盐水中30～40天。虽然蛋黄中的游离油脂与蛋白质遇见盐后发生变质而凝固，但是蛋白不会凝固。市面上会有单独出售的蛋黄，也有用来做月饼的馅料。

腊肠【中国腊肠】

腊肠是在切小的猪肉中混入砂糖、盐、生抽和酒等食材与香辛料，然后将混合物灌入猪小肠中风干制成。它与萨拉米很相似，都有甜味。在煮饭的时候可以添加腊肠，也可以将腊肠切薄，在烹饪煮或炒用。

【预处理】

将滚过热水的腊肠蒸约20分钟，去除多余的脂肪。待冷却后冷藏保存。需长期保存的情况，应冷冻储存。

飞鱼籽【飞鱼籽】

飞鱼籽是用盐腌制的飞鱼卵。除了有盐腌的，还有生抽腌制的飞鱼籽。

腐乳【南乳】

腐乳是盐分很高的发酵豆腐。将豆腐用盐腌制后，再加入红曲霉、香辛料和调味料制成。在广东，会用来做肉的预先调味料，或者在煮特有味道的食材时会添加腐乳来增添一番风味。一般会将腐乳碾碎与腌制的酱汁一起使用，而本书中只使用固体部分。腐乳也称作"红腐乳"。

酸姜【甜醋生姜】

酸姜是将生姜浸泡在甜醋中制成。多数用做广东料理的前菜或是食材。市面上也有出售。

【制作方法】

将200克生姜整个都揉入适量盐，放置约1小时。用水冲洗干净后沥干水分，放1天使其风干。在密封容器中倒入300毫升醋、180克砂糖、1小匙盐、½个切成薄片的柠檬、1个新鲜红辣椒（若没有则用干辣椒）和1个梅子干。接着放入生姜浸泡，放入冰箱冷藏3～4个月即可。

◎香辛料

红谷米【红米】

红谷米是紫色大米，它的胚乳有白色和紫色两种，既有黏性的红谷米也有没有黏性的红谷米。将红谷米蒸制后会变成紫红色，花色素含在米糠层中。没有黏性的胚乳中的紫色作为天然色素，用来染色熬煮的酱汁。

青花椒

青花椒的果实是黄绿色或绿色，与花椒相比，它的香气中透着更强的清凉感。直接使用青花椒粒或者磨成粉末使用。将它浸泡在糖浆或者油中，会变成橄榄色，且能将自身的香味转移到液体中。

陈皮

陈皮也称作"橘皮"。它是将成熟的橘皮烘干制成。"陈"有着久远的意思，即放置时间越长越好。味道微苦却很香，用来去除食材的异味。陈皮膏的制作方法见第242页。

【泡发方法】

将陈皮浸泡在水中一晚，刮掉里侧白色部分。

草果

草果是姜科植物草果的果实。应在它的果实变成红褐色，且在开裂之前采摘下来烘干制成。草果的果皮的纵向很容易开裂，子房分为3室，每一室分别有8～11粒种子。当种子碎掉时，会散发出独特的香气。有着止吐止泻的作用。

泰国辣椒

泰国辣椒是长度为2～3厘米的超辣辣椒。泰语中有着"老鼠屎"的意思，原因是形状小粒，很像老鼠屎。

花椒

花椒是将山椒的果皮烘干制成。花椒味香浓，有着令人发麻的辣味，常用的是花椒粒或花椒粉，它的辣称作"麻"。花椒盐作为餐桌调味料使用，它是由盐与花椒以约3:1的比例混合炒香，用搅拌器等工具研磨碎制成。

桂皮

桂皮一般是被称作亚洲桂的桂树皮。桂皮的香味很浓，味道是甜中带有微苦。它与西餐点心中用到的肉桂是近亲品种，香气和味道有少许不同。

八角

八角也称大茴香。它是将八角的果实烘干制成。它有着独特的香甜味，用在糖浆中或熬煮酱汁。有着增添食欲和暖胃的作用，也常用在药膳中。

丁香【丁子香】

丁香也称作丁子香。丁香是由桃金娘科香料植物的花蕾烘干制成。采摘丁香约1.5厘米长、变红的花蕾，烘干后变成铁钉状的褐色物。用来增添糖浆的香气和去除肉的腥味。丁香有辣味，且有预防发霉的作用，在中药中是健胃剂。

柠檬叶【柠檬的叶子】

柠檬叶是芸香科柑橘属植物的叶子。在制作膻味较浓的野味时会添加柠檬叶。加工时会去除较硬的叶脉，然后切细。据说它有止咳祛痰、增加食欲的作用。

◎ 酒

桂花陈酒【桂花陈酒】

桂花陈酒是泡出桂花香气的葡萄酒。它的味道醇香甘甜，也会用于制作甜品。有白葡萄酒和红葡萄酒两种，酒精浓度为15%。

玫瑰露酒【玫瑰酒】

玫瑰露酒是泡出玫瑰香气的蒸馏酒，产地是天津。除了作为饮品，由于它的味道醇香、含有的酒精浓度较高，因此在烹饪中也会将它加在（预先准备的）调味料中或者熬煮的调味汁中，用于消除肉的膻味。酒精浓度为54%。

汾酒

汾酒是以高粱为主原料，产自山西省。先使用大麦和豌豆制作的酒曲，装入瓶中并埋在土里，经过发酵后蒸馏制成一种酒。另一方面，在这个酒糟的基础上再次加入酒曲发酵、蒸馏后制成另一种酒，两种酒分别酿上1～2年，然后将两者混合制成汾酒。酒精浓度为65%。

◎ 醋

浙醋【红醋】

浙醋是在糯米（或者红谷米）里加入红曲使其发酵，然后加入八角和陈皮（见左页）等香辛料制成的醋。以浙江生产的浙醋最有名气。它的特点是有着红葡萄酒的色泽、独特的香气和醇厚的酸味。它除了用于烹饪，还会作为鱼翅料理或点心的餐桌调味料。

镇江香醋【黑醋】

镇江香醋是江苏省镇江市生产的黑醋。它有着乌斯特辣酱油的色泽与香气，它的特点是含有一点刺鼻的酸味。市场上销售的还有色泽淡白的香醋。它除了用于烹饪，还会作为与小笼包等点心的餐桌调味料。

◎ 酱油

鱼露【鱼酱】

鱼露是将小鱼用盐腌制发酵后过滤制成的调味料。它有着鱼特有的香气和氨基酸的味道。以福州生产的鱼露最有名气。福建和广东用来做蒸鱼的酱汁或炒菜时的调味料。

鲜味汁【调味料酱汁】

鲜味汁是由大豆制作、味道醇香的少盐酱油。它的使用方法与酱油相同。

◎ 味噌、酱

甜面酱【甜面酱】

甜面酱是将小麦粉发酵后制成的甘甜味的味噌。它主要作为北京烤鸭等烧味、油炸食品等的餐桌调味料，也称作"面酱"和"甜酱"。在日本，会加工八丁味噌来替代甜面酱。

面豉酱【面豉酱】

面豉酱是用大豆和小麦粉制作而成。在广东料理中，会用做烧味的调味料，是一般的味噌。

芝麻酱

芝麻酱是先将炒好的白芝麻磨碎，再用加热的植物油搅拌制成，添加到担担面或是芝麻风味的调味汁中。

虾酱

虾酱是在糠虾等小虾中加入盐后磨碎，然后通过发酵制成的调味料。它的味道很咸，有着虾特有的鲜味与香味，常用来拌油炸食物、炒饭以及炒鱼类和贝类。虾酱也被称作虾味噌。

【预处理】

先在125克的虾酱中拌入50毫升绍兴酒和5克砂糖，再用适量的油炒虾酱的混合物。

甜辣椒酱

甜辣椒酱是味道较甜的辣椒酱。它的使用方法与辣椒酱相同。

豆瓣酱

豆瓣酱是由发酵的蚕豆和辣椒制成的辣酱。用搅拌器等辅助工具磨碎后使用。豆瓣酱分有较咸的鲜红色豆瓣酱与经过长期发酵的深褐色豆瓣酱（四川的郫县豆瓣酱）。本书中所使用的豆瓣酱是上述两种以1：1的比例混合成的混合物。餐桌调味料——"炒豆瓣酱"是通过炒鲜红色豆瓣酱制成。

【炒豆瓣酱的制作方法】

在锅中加入5大匙油、90克豆瓣酱和1小瓣切末的大蒜，用中火炒香。待豆瓣酱的颜色与辣味溶入油中，转为小火，加入1大匙砂糖加热至溶化。盛出后分别拌入1小匙塔巴斯科辣椒酱与辣椒油。待冷却后放入密封容器中冷藏保存。

麻辣酱

麻辣酱是比较新颖的辣味调味料，它有着花椒（见第360页）的"麻"和辣椒的"辣"。麻辣是四川口味的代表之一。

XO酱

XO酱是香港制作的调味料，它通过炒干贝、虾米和火腿等食材制成（见第366页）。XO有着最高级的意思，来自于白兰地的规格。它用来蒸、炒和煮料理中。

沙爹酱（上） 沙茶酱（下）

沙爹酱与沙茶酱是印度尼西亚烤串时用的调味料。在20世纪30年代传到了广东、福建和中国台湾地区，作为有着复杂味道的辣味调味料，喜欢它们的人越来越多。它是将大蒜、花生、洋葱、虾米和香辛料等食材切碎后，加入油与盐制成。沙爹酱可以更好地体现出食材的香味。沙茶酱的颗粒较粗，它的味道比沙爹酱更辣更刺激。可根据所烹饪的食物或喜好来选择使用。

辣椒酱

辣椒酱是先将盐渍的辣椒磨碎，然后加入砂糖和醋制成，它是有着辣味与微酸味道的调味料。常用来炒菜或当作点心的餐桌调味料。

豆豉 【豆豉】（上）

豆豉是蒸熟的大豆发酵后，加入盐制成的一种酱料。若用油爆炒豆豉，味道又香又美味。豆豉主要产于长江流域以南，广东阳江和四川永川产的豆豉最有名气。

【预处理】

将100克豆豉洗净并沥干水分，然后切碎。用5大匙油爆炒20克切碎的大蒜，接着加入豆豉、2小匙砂糖和适量的陈皮膏（见第242页）一起炒香。

【豆豉（加了辣椒油）】（下）

豆豉是一种在豆豉中加入辣椒与香辛料一起炒香，制成口感香辣、味浓以及含有氨基酸等多种成分的调味料。它的特点是有着辣椒的辣味、口感醇厚，且有着馥郁的芳香。本书中使用的是老干妈风味食品的"风味豆豉"。

桂花酱【糖渍桂花】

桂花酱是将盐渍的桂花沾满砂糖后，用糖浆熬煮制成的。市面上的销售品是茶色的、味道香浓，由于它的味道非常咸，所以使用前应冲洗至留有淡淡的咸味即可，然后轻轻拧干再使用。因为要保留花的形状，所以不能用大力拧干。自制的桂花酱，桂花柔软，且有着漂亮的橙色，糖浆也散发着淡淡的花香。

市售

自制

【制作方法（自制）】

1. 先去除桂花的花柄，再用水洗净桂花表面的污迹，然后将桂花倒入锅中，用加了适量柠檬汁（以防褪色）的热水稍微煮下。

2. 在另一个锅中倒入糖浆（砂糖与水以2：1的比例混合煮溶），然后加入沥干水分的步骤1的桂花煮沸，去除涩味。

3. 加入少量柠檬汁防止结晶，然后静置冷却即可。

◎ 市面销售的馅料

莲蓉馅【莲子馅】

莲蓉馅是将莲子泡软后去掉中间的芯，然后捣碎，再加入砂糖和油一起揉制成的馅料。大多数使用市面销售品。

过滤后的馅

颗粒馅

豆沙馅【红豆馅、红豆粒馅】

豆沙馅是将红豆泡软后，加入砂糖和油一起揉制成的馅料。大多数使用市面销售品。本书中使用的是市面上售卖的制作日本点心用的馅料。

豆蓉馅【白扁豆馅】

豆蓉馅是在绿豆粉中加入砂糖、油和食用色素等食材一起揉制成的馅料。本书中使用的是用白扁豆制作的、市面上售卖的制作日本点心用的馅料。

枣蓉馅【红枣馅】

枣蓉馅是将大颗粒的红枣泡发后去皮去核，然后加入砂糖、油和淀粉等食材一起揉制成的馅料。大多数使用市面销售品。

◎ 凝固剂

鱼胶片【片状明胶】（上）
鱼胶粉【明胶粉】（下）

鱼胶的原料是牛或者猪的骨头或皮中含有的胶质。用鱼胶凝固的产品的弹性与黏性都较强，制成的产品口感柔软。由于鱼胶有发泡的特质，所以它的口感像奶油冻一样松软。鱼胶片比鱼胶粉的品质更佳，透明度也更高。鱼胶遇酸后会失去凝固力。含有蛋白质分解酵素的新鲜菠萝和奇异果等水果需要加热，才能与其混合。

【泡发方法】

将鱼胶片放入冰水中浸泡约10分钟至柔软后，充分沥干水分再使用。将鱼胶粉放入约为它自身重量6倍的水中后，迅速搅拌。鱼胶吸收水分后会变得像冰块。

鹿角菜胶

鹿角菜胶的原料是鹿角菜和小杉藻等海藻。一般温度达到50摄氏度时鹿角菜胶即可溶化，从卫生角度考虑，通常会煮至80摄氏度以上。它在常温下是凝固状态。由于鹿角菜胶容易成团，所以会预先分多次加入砂糖与其充分混合好。有含有牛奶成分、凝固力较高的鹿角菜胶和用水泡凝固的鹿角菜胶。通常以"○○琼脂"的名称出售。本书中使用的是富士商事的"琼脂8"和"琼脂16"。

洋菜粉【石花菜】

洋菜粉是由石花菜和发菜等海藻食材制成的。需先用水泡发后煮至沸腾使其溶化，然后在常温下即可凝固。这类海藻属于弱酸性，在室温下无法溶化是其最大的特点。一旦溶化后如果需要再次凝固，还能保持相同的凝固度。有洋菜块、细丝洋菜和洋菜粉三种。洋菜粉是将洋菜块磨成粉制成，使用时可以直接煮溶使用，无需再用水泡发，约使用½的量即可达到其他洋菜的凝固效果。

爱玉子

爱玉子是台湾特产——桑科植物的种子，种子里面含有果胶。一般的果胶若不经过加热是无法溶化的，而爱玉子的果胶，只需要用纱布包裹住，放在液体中揉搓即可溶化，通过酵素的作用在常温下即可凝固。由于它的酸性很强，所以很容易脱离水面。

石膏粉

石膏粉是硫酸钙。石膏粉可以使受热后的豆浆蛋白质凝固，它的凝固效果会比盐卤凝固的柔软。在中国，一般会用石膏粉与盐卤来作豆腐的凝固剂。

◎ 汤

上汤【高汤】

上汤是猪瘦肉、老鸡和火腿等熬出的汤水。用在汤料理或是决定汤味道的高级干货中。

二汤【二号汤水】

二汤是取了上汤后，在上汤的食材中添入猪瘦肉、猪骨、老鸡和鸡骨架熬出的汤水。它不仅用于汤料理中，几乎是所有的料理都会用到的普通汤汁。同级别的汤水有毛汤，也可以用来替代二汤。

白汤【白浊的浓汤】

白汤是猪骨、猪腿和里脊肉等熬出的汤水。它很少单独使用。会与二汤和毛汤混合，用在淡白的食材料理中，可以增添一番味道。

◎ 其他

潮州辣椒油

潮州辣椒油是在红辣椒与大蒜等提香用的蔬菜中加入香辛料制成的辣椒油。会用作前菜的酱汁或餐桌上的调味料。

花生油

花生油是通过榨花生来制作的油，有着特有的香气，在广东料理中常用来炒菜或者油炸食物。

OK汁

OK汁是在番茄、苹果等加入提香用的蔬菜、香辛料、番茄酱和伍斯特辣生抽，制成的富有醇香与酸味的液体调味料。一般用来做腌肉的调味料或是酱汁。若没有OK汁，则用A1酱汁（果味酱汁）。

李派林喼汁

李派林喼汁是有着蒜味和香辛料味道的酱汁。它是19世纪初，在英国伍斯特州的约翰·李和威廉·派林制作出的酱汁。

片糖

片糖属于含蜜糖的一种。它的模样是片状的，截面分有三层。它的甜度独具风格，且黏度好，在广东制作糖水或是料理的调味汁时会添加片糖。

黄冰糖

黄冰糖是带有黄色的冰糖。黄冰糖特有的味道是日本白冰糖所没有的香气和口感。若没有，可以用黄砂糖和白冰糖替代。

麦芽饴糖【麦芽糖稀】

麦芽饴糖是利用麦芽中的淀粉酶将含在谷类或是薯类中的淀粉分解成流动状的糖。可用来增添烤点或是甜点的味道与色泽。

淡奶【无糖炼乳】

淡奶是无糖炼乳。它是将牛奶浓缩后装罐，通过加热灭菌而制成。由于没有添加砂糖，所以开罐后应尽早用完。

椰奶【coconut milk】

椰奶是将成熟的椰肉胚乳磨碎后与水一起混合，用小火熬煮后过滤，再倒入纱布中拧出的汁水。市面上出售罐装品或是冷冻品。若没有罐装，则用椰奶粉（见第357页）与牛奶以1:2的比例混合替代。

自制调味料、烧味

◎ 调味料

【 葱油的两种制作方法 】

虽用猪油来制作葱油的方法是最有名的，但大多数点心师傅会采用猪的腹部脂肪来制作葱油。在此会介绍两种制作方法，若在配方栏中出现有"葱油，见第365页"，则用以下哪种方法都可以。

炸猪大油【 猪腹部脂肪制作的葱油 】

配方　成品约600克

猪腹部脂肪1千克
亚实基隆葱250克
生姜皮50克
葱绿部分250克

将食材切碎后倒入锅中，慢慢加热至腹部脂肪融化（图a）。当蔬菜变茶色时，趁热过滤（图b）。待冷却后放入冰箱冷藏保存。

a　　b

葱油【 猪油制作的葱油 】

配方

猪油500克
洋葱400克
葱绿部分100克
生姜皮20克
大蒜2片

将蔬菜切薄，与猪油一起倒入锅中，用中火加热。当蔬菜变成茶色时，趁热过滤。待冷却后放入冰箱冷藏保存。

虾米辣椒油【 虾米辣椒油 】

虾米辣椒油主要是以干料为主材制成的辣椒油。它用作炒菜和蒸菜的调味料以及餐桌调味料。

使用案例见第181页

配方　成品约630克

樱虾（干）30克
油300克
洋葱（切碎）150克
大蒜（切碎）75克
咸鱼（见第359页、切碎）75克
火腿（见第359页、切碎）75克
红辣椒50克
低筋面粉20克
炒香白芝麻20克 ⎫
蒜粉5克　　　　⎬ 将炒香白芝麻、蒜粉、
盐5克　　　　　⎭ 盐和砂糖混合
砂糖20克
芝麻油50克

1. 将配方中的油倒入锅中加热至165摄氏度，然后倒入樱虾油炸到酥脆后捞出。
2. 将洋葱和大蒜倒入步骤1的油中，慢慢炒至上色。
3. 接着倒入咸鱼、火腿和红辣椒，用小火炒香，注意不要烧焦。当食材的美味和辣味都渗进油里后，就混入低筋面粉。
4. 关掉火，依次往锅里加入上述混合好的白芝麻、砂糖、芝麻油和步骤1中捞出的樱虾，混合均匀即可。

XO酱【自制XO酱】

市面销售的XO酱已经去除水分，可以长时间储存。这里介绍的是自制XO酱，水分较多，若要长期储存，应定期加热（蒸或者炒）一下。

使用案例见第349页和第351页

配方　成品约260克

干贝（需要泡发，见第359页）150克

＊取200克泡发的水备用。

泰国辣椒（见第360页）6个
大蒜50克
新鲜红辣椒30克
亚实基隆葱50克
虾米（需要泡发，见第358页）30克

＊取200克泡发的水备用。

火腿（见第359页）100克
虾籽（见第358页）20克
辣椒油适量
花生油200克
油适量

1. 将大蒜、新鲜红辣椒、亚实基隆葱、虾米和火腿切碎。
2. 将泡发后的干贝揉碎，倒入160摄氏度的油锅中炸。
3. 将花生油倒入锅里加热后，倒入泰国辣椒、大蒜、新鲜红辣椒和亚实基隆葱慢慢炒香，接着倒入虾米继续炒，然后加入火腿、步骤2的干贝、虾籽和泡发的水，一直熬煮到收汁为止，最后加辣椒油混合即可。

榄豉酱

榄豉酱在中国南方炒菜和蒸菜时会用到，它是在橄榄菜中加入橄榄油、豆豉和香菜调制成的酱料。

使用案例见第344页和346页

配方　成品约250克

亚实基隆葱（切碎）40克
大蒜（切末）15克
泰国辣椒（见第360页，切圆片）2个
黑橄榄（去籽切碎）100克
豆豉（已经预处理，见第362页）40克
陈皮膏（见第242页）1克
橄榄菜（切碎）40克

＊芥菜泡橄榄（见第357页"橄榄仁"）油。

砂糖2小匙
盐⅓小匙
橄榄油50克

1. 将橄榄油倒入锅中，然后倒入亚实基隆葱和大蒜炒香。
2. 加入豆豉、陈皮膏和橄榄菜继续炒香，最后加入砂糖和盐调味。

姜酒【生姜酒】

姜酒主要用于过热水时给食材去味。姜酒放在冰箱冷藏储存。
使用案例见第224页、249页、250页、266页、267页和354页
生姜汁与日本酒以1:2的比例混合制成。

糖醋汁【酸甜酱汁】

糖醋汁是广东糖醋肉即"咕噜肉"的酱汁。它既可以作为搭配油炸食物的餐桌调味料以及前菜酱汁的佐料，也常搭配虾仁、鸭子和乳鸽等与水果一起炒。

使用案例见第171页

配方

片糖（见第364页）200克
盐3克
醋200克
生抽25克
番茄酱100克
柠檬汁适量
李派林喼汁（见第364页）7克
OK汁（见第364页）24克
水150克
新鲜红辣椒1个

＊切成圆片，去籽。

食用色素（橙色）适量

先将片糖捣碎，接着将配方中所有食材倒入锅中，用小火加热至稀稠程度。待糖醋汁冷却后倒入密封容器中，放入冰箱冷藏储存，属于提前准备的酱汁。

【肠粉酱汁】

带有调味蔬菜香味的甜辣浓酱
使用案例见第222页和第224页

配方　成品约150克

亚实基隆葱（切薄片）40克
香菇干的茎部（需要泡发，见第359页）30克
油1大匙
生抽100克
老抽15克
砂糖35克
水40克
葱（切丝）、新鲜红辣椒（切圆片）分别适量
花生油适量

1. 将配方中的油倒入锅中加热后，倒入亚实基隆葱和香菇干的茎部炒香。
2. 将步骤1的食材、生抽、老抽、砂糖和水倒入搅拌盆中混合，蒸30分钟。蒸好后放凉过滤备用。
3. 供应给客人前，先在小碗里放入葱、新鲜红辣椒，接着淋上适量滚烫的花生油。最后将加热后的步骤2的混合物倒入小碗中。

◎烧味

烧鸭

使用案例见第334页、349页和351页

配方

鸭子1只
预先准备调味料

- 盐50克 ⎤
- 砂糖75克 ⎥ 将盐、砂糖和
- 五香粉½小匙 ⎦ 五香粉混合

- 玫瑰露酒2大匙
- ＊玫瑰露酒（见第361页）。
- 亚实基隆葱（拍碎）1个
- 八角（见第360页）1个
- 大蒜（拍碎）1片

鸭皮用的糖液

＊将以下食材混合在搅拌盆中，然后隔水加热至溶化。

- 麦芽饴糖（见第364页）125克
- 醋250克

【鸭子的预处理】

1. 用刀割开鸭子的颈部，切断它的食道和气管，拔掉舌头，然后切掉鸭腿和鸭翅。
2. 从鸭屁股开始纵向切约10厘米至鸭腹部位，从腹部里取出内脏并保证它们的完好，然后去掉鸭食道和气管。
3. 用水冲洗干净鸭嘴、鸭身和鸭腹部位，沥干水分。将混合好的盐、砂糖和五香粉以及玫瑰露酒、亚实基隆葱、八角和大蒜依次放入鸭腹中。用铁钎子缝住鸭屁股处的切口，以免调味料流出，将鸭胸部位朝下放置约30分钟。
4. 将处理好的鸭子放入热水中煮至鸭皮紧实。沥干水分后，将鸭皮用的糖液均匀地涂抹到鸭身上。用铁钩（钩子形状的铁钎子）穿过鸭子的两侧，吊在通风良好的阴凉处半天，彻底晾干鸭身。

【加工】

5. 将步骤4中晾干的鸭子放入40摄氏度的蒸汽烤箱中，烘干表面，鸭肉变温。
6. 将步骤中预烤好的鸭子放入预热好的烤箱中，用180摄氏度烘烤约35分钟。

＊取出鸭腹里的食材。

烧肉

使用案例见第329页和334页

配方

带皮五花肉1千克
预煮的调味料

- 热水2.5升
- 小苏打7.5克
- 碱水25毫升

预先准备的调味料

＊将以下食材混合，使用其中的20克。

- 盐25克
- 花椒粉（见第360页）0.7克
- 五香粉0.5克

猪皮用的调味料

＊将以下食材混合。

- 小苏打6克
- 盐3克

1. 将带皮猪五花泡在水里约1个半小时。然后将五花肉放入锅中与预煮的调味料一起煮至沸腾，水面只需没过猪皮的表面即可，用小火煮约40分钟。最后捞出五花肉，在常温下放凉。
2. 用粗的铁钎子在猪皮上均匀地戳满细小的洞口。用水冲洗掉五花肉表面的黏液和油脂。

＊铁钎子不要戳得太深。

3. 在猪皮与反面分别切入3～4条深至五花肉一半深度的口子。然后在猪皮以外的部分均匀地涂满20克预先准备的调味料。
4. 将猪皮用的调味料擦到猪皮上。为了使弯曲的猪皮可以变平展，用钎子横向穿过平行摆放的2～3块五花肉，然后挂在通风良好的阴凉处2天，晾干表面。
5. 预先烘烤。用铝箔纸覆盖住猪皮以外的部分，不需要取掉钎子。放入400摄氏度的蒸汽烤箱中烘烤12～15分钟。用小刀片掉表面焦黑的部位。接着将烤箱温度调至150摄氏度，一直烤至中心温度达到80摄氏度即可。
6. 用小刀再次片掉猪肉表面烤焦的部位，放入冰箱冷冻。
7. 正式烘烤。用铝箔纸再次覆盖住步骤6冷冻的猪肉（除猪皮外），用300摄氏度烘烤约15分钟至猪皮变黑为止。片掉烤焦的部位。供应给客人享用前，用250摄氏度烘烤约5分钟。

＊制好的烧肉表面是金黄色的。

吉冈胜美
辻调理师专门学校 中国料理主任教授

　　吉冈胜美教授从辻调理师专门学校毕业后，于1981年在香港的敬宾酒家研修广东点心。他于1987年在香港的富丽华酒家、1996年在广州的广东大厦·潮苑春研修广东料理与广东点心。他尤其擅长于广东料理，制作料理时常常使用蔬菜，健康且口感细腻。他用清晰的语言记录下自己的实践，形成了独特的料理理论。他在日本出版了多部著作，包括《点心与小菜》（合著，镰仓书房出版）《广东料理精华——香港的技巧》（合著，同朋社出版）、《简单美味的中国菜肴》《蒸汽中国》和《详解中国料理基础中的基础》（以上几本由柴田书店出版）等。

辻调理师团队成员有：
小川智久
石川智之
藤田 梢
高桥良辅
山中梨惠子

协助完成以及订正原稿：
矢野琼子
辻静雄料理教育研究所研究员

感谢制作日语版的以下工作人员：

摄影—日置武晴
设计—高桥绿
美术设计—有山达也（有山设计室 design store）
设计布局—山本祐衣（有山设计室 design store）
编辑—猪吴幸子